Dipl.-Päd. Susanne Kreuer

Pferdeverhalten verstehen

Wege aus der Krise

„Geschmeidigkeit und Losgelassenheit sind die Vorbedingungen für den freiwilligen dargebotenen Gehorsam, nicht für die qualvolle Unterwerfung des Pferdes.“
{Guériniére}

Dipl.-Päd. Susanne Kreuer

Pferdeverhalten verstehen

Wege aus der Krise

Pepper VeRlag

BILDNACHWEIS
Fotos Alfonso Aguilar: Barbara Rodigari, Lea Baumann und Barbara Ellerkamp
Autorenfoto: Stephan Conzen sowie auf den Seiten: 5 und 134
Alle anderen Fotos sind von: Martina Tiedemann & Zauberwaldfoto
Zeichnungen: Mariko van Bebber

IMPRESSUM
Coverfotos: Martina Tiedemann & Zauberwaldfoto
Umschlaggestaltung und Grafikdesign: Martina Tiedemann

www.pferde-verstehen.info

ISBN-13: 978-3-9816467-0-2

Alle Angaben und Methoden in diesem Buch sind sorgfältig geprüft und erwogen worden. Sorgfalt bei der Umsetzung ist indes dennoch geboten. Der Verlag übernimmt keinerlei Haftung für Personen-, Sach- und Vermögensschäden, die im Zusammenhang mit der Anwendung und Umsetzung entstehen können.

Printed in Germany

Für Margarete und Harry Heinen

In liebevoller Erinnerung an RITM,

der so vielen Menschen unendlich viel gegeben hat.

(1985 – 2013)

„Die Erinnerung ist das einzige Paradies,
aus dem wir nicht vertrieben werden können."
{Jean Paul}

„Liebe ist mehr als ein Gefühl. Sie bedeutet, positiv über unser Pferd zu denken.“
{Ariane Reaves}

Danke

„Nicht die Glücklichen sind dankbar. Es sind die Dankbaren, die glücklich sind.“
{Francis Bacon}

Mein größter Dank gilt ***Stephan Conzen*** und ***Bernd Hackl***. Ihr habt mich beide unermüdlich auf Eure Weise motiviert und nicht eine Sekunde an diesem Projekt oder meinen Fähigkeiten gezweifelt. Ohne Eure Unterstützung und Euren Zuspruch, wäre dieses Buch nicht möglich gewesen.

Vielen Dank an ***Dr. Alfonso Aguilar***. Du bist mein großes Vorbild und ich verneige mich vor Deinem immensen Wissen.

Von Herzen bedanke ich mich bei ***Martina Tiedemann***. Deine Fotos machen dieses Buch erst lebendig. Ich bin angesteckt von Deiner Kreativität und Deiner Begeisterungsfähigkeit.

Mein Dank für ihre grandiosen Zeichnungen gilt ***Mariko van Bebber***.

Was ich weiß, habe ich vor allem meinem Quarter Horse-Hengst ***Fistful of Pepper*** zu verdanken. Du bist alles für mich!

Was bleibt mir noch zu sagen, außer:

„Es ist idiotisch, sieben oder acht Monate an einem Buch zu schreiben, wenn man in jedem Buchladen für zwei Dollar eins kaufen kann.“
{Mark Twain}

Inhalt

„Wenn wir die natürlichen Verhaltensmuster des Pferdes kennen und verstehen, kann eine Basis für echtes Vertrauen entstehen.“
{Alfonso Aguilar}

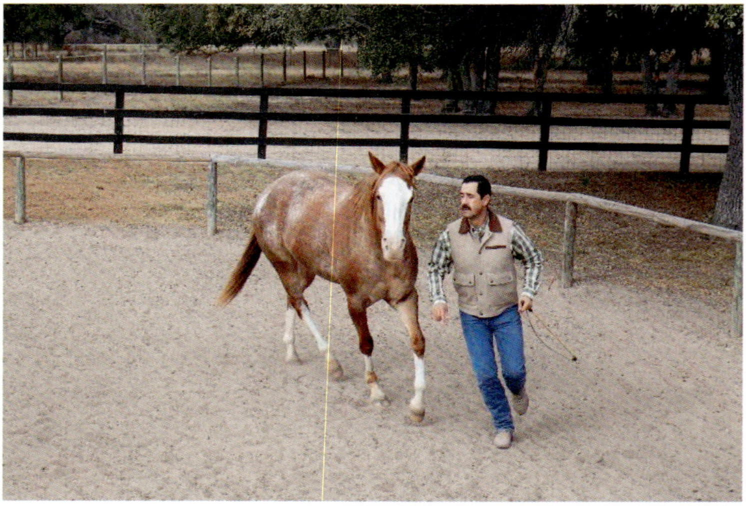

Vorwort

Ich habe mich sehr darüber gefreut, als Susanne mich bat, ein Vorwort für Ihr Buch: „*Pferdeverhalten verstehen*" zu schreiben.
Ich glaube, je mehr wir das Verhalten von Pferden verstehen, um so besser ist die Möglichkeit, dass wir eine gute Beziehung zu unseren Pferden aufbauen können. Nur, wenn wir die natürlichen Verhaltensmuster des Pferdes kennen und verstehen, kann eine Basis für echtes Vertrauen entstehen.
Fünftausend Jahre Haustierwerdung und beharrliche Zuchtauslese haben nichts daran geändert, dass Pferde auch heute immer noch Pferde sind. Das ursprüngliche Wesen dieser edlen und freien Tiere ist unverändert geblieben, denn unsere Pferde tragen noch das Erbe ihrer wilden Vorfahren in sich. Darum ist es auch so entscheidend, dass wir nicht von ihnen verlangen, sich unserem Leben völlig bedingungslos anzupassen und zu unterwerfen. Es ist unsere Aufgabe, sie zu verstehen und ihnen ein artgerechtes Leben zu ermöglichen. Nur, wenn wir die Natur des Pferdes bei der Ausbildung und im Zusammensein berücksichtigen und Respekt davor haben, ist ein gemeinsamer Weg, der von Vertrauen geprägt ist, möglich. Methoden, die auf Härte, Strafe und Grobheit beruhen, machen ein Pferd hilflos, ängstlich und manchmal auch aggressiv. Es verliert das Vertrauen in den Menschen und versucht sich mit allen ihm zur Verfügung stehenden Mitteln zu wehren.
Pferde sind wunderbare Individuen und viel klüger und sensibler, als es vielen Menschen bewusst zu sein scheint. Aber sie können nur im Rahmen ihrer natürlichen Verhaltensweisen agieren. Ihrer Gutmütigkeit und ihrer Empathie ist es zu verdanken, dass sie uns im guten Glauben zur Seite stehen und sogar bereit sind instinktive Ängste zu überwinden.

Manchmal gehen ihr Einfühlungsvermögen und ihre Arglosigkeit so weit, dass sie körperlichen und seelischen Schaden nehmen. Es ist also die Aufgabe eines jeden Menschen, der mit einem Pferd umgehen möchte, achtsam und respektvoll zu handeln. Als Erstes müssen wir lernen unsere Pferde zu verstehen, damit wir mit ihnen kommunizieren können und sie uns verstehen und gerne mit uns zusammen sind. Durch Zwang kann keine echte Partnerschaft erreicht werden, denn Gewalt verhindert und blockiert jede Beziehungschance. Wir dürfen unsere Frustration nicht auf das Pferd übertragen. Es muss darum gehen, eine vertrauensvolle Basis zu schaffen, damit eine eindeutige Verständigung erreicht werden kann. Was auch immer das Pferd tut, es ist immer die Folge des Erlernten. Das Pferd ist von Natur aus nicht böse oder aggressiv; wenn aber die Kommunikation nicht korrekt ist, dann lernen die Pferde sich zu verteidigen. Die Natur des Pferdes besteht darin, Antworten zu finden, die ihnen helfen zu überleben und Komfort bringen.

Wie wir bestimmte Situationen handhaben, beeinflusst das Resultat. Tut Ihr Pferd nicht, was Sie von ihm verlangen, dann hat es Sie nicht verstanden. Zeigt Ihr Pferd also unerwünschtes Verhalten, dann liegt der Schlüssel zur Veränderung in Ihnen selbst. Ich werte das als große Gelegenheit unsere Beziehung zum Pferd in eine positivere Richtung zu verbessern. Dabei dürfen wir auch viel über uns selbst erfahren. Die Arbeit mit Pferden hat das Potenzial uns aufmerksamer und genügsamer zu machen. Pferde sind außerordentlich gute Lehrmeister, wenn wir bereit sind, ihnen zuzuhören und für einen gemeinsamen Weg offen sind.

Beim Herantreten an ein unbekanntes Pferd oder bei der Arbeit mit einem Problempferd, werden Sie dem Pferd dann gerecht, wenn Sie unvoreingenommen an es herantreten und ihm Geborgenheit und Sicherheit vermitteln.

Um eine Beziehung zu Ihrem Pferd zu erreichen, bleiben Sie geduldig, gelehrig und fair. Partnerschaft bedeutet sich selbst zu reflektieren und Verständnis für den anderen zu entwickeln. So lautet ein Sprichwort:

„Wahre Freundschaft ist eine geteilte Seele in zwei Körpern.“

Saludos
Alfonso Aguilar

„Pferde sind mehr als Tiere zum Reiten. Sie sind eine Einstellung mit vier Beinen. Sie haben Instinkte, Gedanken und Gefühle.“
{Pat Parelli}

Einführung

Muss das Pferd auf die Couch?!

„Bringen Hufeisen wirklich Glück? Ich bezweifle es – ich habe schon viele unglückliche Pferde gesehen."
{Pearl S. Buck}

Der ursprüngliche Titel dieses Nachfolgewerks von *„Pferde verstehen"* war ein völlig anderer. Ich wollte es *„Problempferde verstehen"* nennen. Dann kam mir unvermittelt folgender Gedanke: *Gibt es überhaupt Problempferde im eigentlichen Wortsinn?* Oder spiegeln auffällige Pferde durch ihr unerwünschtes Verhalten nicht vielmehr die Probleme der Menschen in ihrer Umgebung wider? Vor dem Hintergrund, dass bei Pferden in freier Wildbahn keine Verhaltensauffälligkeiten existieren, müsste sich doch dem nachdenkenden Wesen Mensch erschließen, dass letztlich **sein Fehlverhalten** das Pferd „krank" macht. Ein unerträglicher Gedanke für alle Pferdemenschen, die ein solches Exemplar besitzen. Soll das Pferd doch vor allem Begleiter, Freund, Seelentröster und vielleicht sogar Erfolgsgarant sein. Letzteres vornehmlich deswegen, weil Erfolg in unserer Gesellschaft gleichzusetzen ist mit Macht, Ansehen, Ehre, Ruhm und Geld. Ausnahmslos „Errungenschaften", die jedem Pferd auf diesem Planeten allerdings völlig fremd sind. So scheinen wir im Zusammensein mit dem Pferd die Begünstigten zu sein. Es bleibt fraglich, welchen Nutzen die Pferde eigentlich daraus ziehen?!

Ein Pferd überhaupt reiten zu **dürfen**, ist ein **Privileg**, denn Pferde sind von Natur aus eigentlich nicht dafür gemacht, schwere Lasten auf ihrem Rücken zu tragen. Es ist ihrem sanftmütigen Wesen zuzuschreiben, dass sie es dennoch zulassen – weniger dem unseren. Darum sollte sich jeder Reiter bewusst machen, dass die Sensibilität eines Pferdes gepaart mit Kraft und Schnelligkeit zu jeder Zeit nur geliehen ist. So scheint es manchmal, als wäre das Pferd die Projektion unserer eigenen Träume über uns selbst: kraftvoll, schnell, anmutig, stark und schön zu sein. Denn für viele Menschen ermöglicht das Zusammensein mit dem Pferd die vorübergehende Flucht aus ihrer alltäglichen Existenz. Solange das Pferd keinen Nachteil hat, ist das auch legitim. An dem Punkt aber, an dem es auffälliges Verhalten oder sogar Stereotypien zeigt, ist **Handlungsbedarf** gefordert, dem die **Reflexion** des eigenen Verhaltens gegenüber dem Vierbeiner vorausgeht. Dabei sind überdies ausdrücklich die eigenen Entscheidungen bezüglich der Lebensbedingungen des Pferdes zu berücksichtigen. *Handle ich wirklich im Sinne meines Pferdes? Wie viel tue ich dafür, dass es meinem Pferd gut geht? Was kann ich noch verbessern? Wer kann mir dabei zur Seite stehen und mich unterstützen? Was braucht mein Pferd, damit es (noch) glücklicher und zufriedener wird?*

Was wir gerne vorschnell als „Probleme“ bezeichnen, sind aus der Sicht des Pferdes meist Missverständnisse in der Kommunikation und Fehler bei den Haltungsbedingungen. Sind Schwierigkeiten da, dann liegen diese – egal, wie sie geartet sind – fast ausschließlich entweder an Angst oder an Schmerzen. Bringen Sie Ihr Pferd nicht zum Schweigen durch etliche auf dem Markt erhältliche „Wunderprodukte“, die eine Verbesserung der Grundproblematik zwar versprechen, aber letztlich nur vortäuschen. Pferde, die zu oft zum Schweigen gebracht wurden, werden krank. Sie ziehen sich in sich selbst zurück und kehren ihren Blick nach innen. Ihr Gang wird abgestumpft und mechanisch, wobei sie ihre natürliche, dynamische

Anmut verloren haben. Wirkt das Pferd auch wohlerzogen, so ist es doch innerlich gebrochen und hat seine körperliche und seelische Balance eingebüßt. Bevor eine solche „**Erlernte Hilflosigkeit**“ entsteht, gehen Sie lieber dem Versuch nach, sich in Ihr Pferd hineinzuversetzen und darüber nachzudenken, was es Ihnen mit seinem Verhalten zu vermitteln versucht. Tom Dorrance drückte es einmal trefflich aus: „*Haben Sie je darüber nachgedacht, dass nicht Sie ein Problem mit Ihrem Pferd haben, sondern, dass Ihr Pferd vielleicht ein Problem mit Ihnen hat?*“

Manchmal sind es sowohl im Leben als auch in Bezug auf die Beziehung zum Pferd die holprigen Wege, die geeignet sind, einander besser zu verstehen. So können aus anfänglichen (scheinbar unüberwindbaren) Problemen Chancen erwachsen, die – etwas Mut und Gestaltungskraft vorausgesetzt – dafür sorgen, dass Mensch und Pferd in der Tiefe ihres Wesens zueinanderfinden. Verlassen Sie sich auf Ihre Intuition und hören Sie auf Ihr Pferd, dann haben auch unliebsame Strecken ihre Schönheit und können gemeinsam in einem angemessenen Tempo bewältigt werden.
Um dem Tier gerecht werden zu können, ist es aber entscheidend, dass sich die nötigen Hintergrundkenntnisse angeeignet werden. Wissen ist in diesem Sinne Tierschutz. In den weisen Worten von Ray Hunt:

„The horse knows. He knows if you know.
He also knows if you don't know.“

Die provokative Fragestellung zu Beginn „*Muss das Pferd auf die Couch?!*“ kann also folgendermaßen beantwortet werden: Gewiss, wenn der Besitzer sich zuerst hinlegt!

„Ich habe Zeit!

Ich möchte diesen Ausspruch allen Reitern zurufen,
die plötzlich auf Schwierigkeiten stoßen und
mit ihren Pferden nicht einig werden können."
{Alois Podhajsk}

1. Teil
Problemverhalten und Verhaltensstörungen

„Wahrscheinlich sind es die schwierigen Pferde im Leben, die uns am weitesten bringen, wenn wir die Probleme beim Schopf packen.“
{Karola Bady}

Jeder Reiter hat bestimmte Ansprüche an sein Pferd. Werden die Erwartungen des Menschen vonseiten des Pferdes nicht erfüllt, dann wird schnell von einem „Problempferd“ gesprochen. Aber was ist das genau? Ein Pferd, das unerwünschtes Verhalten zeigt, ist in den meisten Fällen nicht so zu „gebrauchen“, wie es der Besitzer ursprünglich plante. Aus Sicht des Menschen manchmal eine äußerst ärgerliche Angelegenheit – vor allem dann, wenn viel Geld für den Vierbeiner bezahlt wurde. In unserer Gesellschaft ist es absolut selbstverständlich, dass, wer Geld bezahlt hat, auch Leistung fordern darf. Wird diese Leistung von der „anderen Partei“ (oder gar dem Vertragspartner) nicht erfüllt, so können durchaus mal Zwangsmaßnahmen ergriffen werden. Auch im Umgang mit dem Pferd werden Maßregelungen getroffen, die ggf. tierschutzrelevante Grenzen überschreiten. Dies geschieht vornehmlich dann, wenn der Mensch sich durch das unerwünschte Verhalten seines Pferdes persönlich angegriffen fühlt. Tatsächlich liegen böse Absichten aber nicht in der Natur des Pferdes. Kein Pferd der Welt käme auf die Idee seinen Besitzer bewusst zu ärgern, zu täuschen oder zu manipulieren.

Pferde sind nicht fähig, andere Lebewesen zu eigenen Zwecken zu missbrauchen.

Wer dies seinem Vierbeiner unterstellt, hat kaum eine Chance einen „wohlerzogenen“ Partner Pferd zu bekommen, denn er spiegelt und unterstellt dem Pferd Ungerechtigkeiten. Kooperation und Verständnis sind der Schlüssel zu einem gemeinsamen Weg, dessen Ziel eine echte Partnerschaft darstellt. Partnerschaft bedeutet aber manchmal auch die Eigenarten, Macken und individuellen „Zicken“ des jeweils anderen zu akzeptieren – oder bisweilen auch einfach zu belächeln. Das heißt nicht, dass der Pferdebesitzer sich von seinem Pferd alle denkbaren Grenzüberschreitungen gefallen lassen soll. Es geht vielmehr darum, zu erkennen, was eine liebevolle Besonderheit ist, und welches Verhalten einen Konflikt widerspiegelt. Letzterer basiert meist auf gegenseitigen Missverständnissen, die Pferde zutiefst verunsichern können. In der Folge werden sie „auffällig“.

Der Mensch muss sich der Kommunikation des Pferdes anpassen, damit er verstanden wird. So wird Missdeutungen vorgebeugt.

Wo ist also die Grenze zu ziehen?

Pferde reagieren instinktiv – und zwar immer – mit denen ihnen angeborenen Verhaltensmustern auf ihre Umwelt. Dabei ist ihr zentrales Anliegen zu jedem Zeitpunkt ihren eigenen Zustand zu verbessern. Pferde leben im Hier und Jetzt. Sie sind also sehr gegenwärtig in ihrem Handeln. Selbstverständlich testen sie auch Grenzen aus. Das passiert aber nicht aus Unwillen oder Bösartigkeit, sondern liegt daran, dass sie dem Versuch nachgehen in der Rangfolge zu steigen. Wer den anderen bewegt und die Richtung vorgibt, ist der „Herdenchef".

Die Klärung der Hierarchie geschieht nicht aus Selbstzweck, sondern sichert das Überleben in der Gemeinschaft.

Verlässliche und konkrete **Zahlen** oder **Statistiken**, wie viele Pferde störendes oder auffallendes Verhalten zeigen, existieren leider nicht. Nach Schätzungen ist die Zahl allerdings erheblich höher als zunächst gedacht. Obwohl sich die wissenschaftliche Forschung seit mehreren Jahrhunderten mit Verhaltensproblemen des Pferdes auseinandersetzt, sind die Erkenntnisse bemerkenswert gering. Der Bereich der Verhaltenskunde wurde im Vergleich zu anderen Bereichen der Tiermedizin stark vernachlässigt. Hingegen ist die wirtschaftliche Bedeutung einer Verhaltensstörung sehr gut erforscht. Die häufigste Störung ist das Koppen. Koppen geht mit einer Wertminderung betroffener Pferde von bis zu 1/3 einher. Diese Wertminderung addiert sich alleine für den Pferdebestand in Deutschland auf eine geschätzte Summe von 60 Millionen Euro. Hinzu kommen noch die Behandlungskosten koppender Pferde. Ferner besteht nicht selten das Problem, einen Stall zu finden, der Kopper als Einstellpferde akzeptiert. Neuere Forschungen in den letzten Jahren in verschiedenen Ländern konnten nachweisen, dass bis zu **15% aller Pferde** stereotype Verhaltensstörungen zeigen. Allerdings wird von einer noch höheren Dunkelziffer ausgegangen. Leider kommen viele dieser Pferde völlig unverschuldet zum Schlachter, weil sie Probleme beim Reiten und im Umgang bereiten. Was hierbei gänzlich übersehen wird, ist, dass es letztlich die Unfähigkeit des Besitzers ist, die diese Pferde das Leben kostet. Es kann davon ausgegangen werden, dass mehr als 60% der Pferde, die zum Schlachter kommen Privatpferde sind, und wegen unerwünschtem Verhalten dort landen. Die Pferde sind größtenteils erst zwischen zwei und acht Jahren alt und weisen in den meisten Fällen eine stabile Gesundheit auf. Grund genug, einmal hinzuschauen, wie eigentlich ein „Problempferd" definiert wird und was vonseiten eines verantwortungsbewussten Besitzers getan werden kann, damit sich die Lebensqualität des Pferdes verbessert. Hierfür ist es aber ganz entscheidend, dass wir die Begriffe auseinanderhalten und eine **echte Verhaltensstörung** (Stereotypie) von einem **unerwünschten Verhalten** (Unerzogenheit, Problemverhalten) auseinanderhalten können. Denn der Umgang bzw. die Therapien unterscheiden sich. Zunächst müssen wir aber die Begriffsdefinitionen und Erscheinungsformen einmal darlegen.

Begriffsdefinitionen

Wenn wir von **Verhaltensproblemen** des Pferdes sprechen, dann müssen wir berücksichtigen, dass dieser Begriff völlig unterschiedliche Verhaltensweisen beinhaltet. In der Literatur gibt es zahlreiche Definitionen und Ansätze für „normales" und „unnormales" Verhalten. Verhaltensabweichungen von der Norm sind solche, die dem Pferd einen Schaden zufügen. Im Folgenden wird unterschieden zwischen den Begriffen „**Unerwünschtes Verhalten**" und „**Verhaltensstörungen**". Zu Letzteren gehören auch die **Stereotypien**.

Unerwünschtes Verhalten

Pferde zeigen immer nur aus Sicht des Menschen ein unerwünschtes Verhalten. D. h., dass bestimmte Handlungsweisen des Pferdes (z. B. die Weigerung in den Hänger zu gehen) dem Menschen Probleme bereiten. Üblicherweise handelt es sich hierbei um Elemente aus dem **natürlichen Verhaltensrepertoire** des Pferdes. (*Ein enger Raum ist gefährlich. Bei Gefahr kann ich nicht flüchten.*) Der Mensch empfindet das Verhalten seines Pferdes als unerwünscht und problembehaftet, weil es am falschen Ort, zur falschen Zeit oder in einer unerwünschten Ausprägung gezeigt wird. Unnormal ist hierbei noch gar nichts.

Verhaltensstörungen

Der Begriff Verhaltensstörung ist hingegen klinisch definiert. Das Pferd zeigt i. d. R. ein Verhalten, das **nicht** zu seinem **normalen Verhaltensrepertoire zählt** (z. B. Koppen oder Weben). Das Pferd schadet sich mit seinem Verhalten erheblich selbst. So ist es einem stark koppenden Pferd manchmal kaum mehr möglich, sein natürliches Bedürfnis nach Sozialkontakt auszuleben, weil es unentwegt mit dem Koppen beschäftigt ist. Auch nehmen Kopper manchmal nicht mehr genügend Raufutter zu sich, da es sie an der Ausführung ihrer Verhaltensstörung hindert.

Stereotypien

Bestimmte Verhaltensweisen treten bei einer Stereotypie regelmäßig und häufig in relativ identischer Form auf. Vielfach passt das gezeigte Verhalten **nicht** zur **aktuellen Umweltsituation**.

Die unglücklich gewählte Bezeichnung „**Untugend**" hält sich bis heute fälschlicherweise hartnäckig im Zusammenhang mit unerwünschten Verhaltensweisen des Pferdes – leider auch in der Fachliteratur. Hierbei werden dem „unnormalen" Pferd moralische Mängel oder Defizite unterstellt (Un*tugend* = nicht tugendhaft).

Pferde besitzen keine Tugenden oder Moralvorstellungen.

Verhaltensstörungen haben rein gar nichts mit Ethik oder Sittlichkeit zu tun, sondern sind eine Reaktion auf eine nicht-artgerechte bzw. inadäquate Umwelt.

Viele Verhaltenselemente eines Pferdes können aus Sicht des Menschen problembehaftet sein. Letztlich ist es aber meist der Mensch, der dem Pferd Probleme bereitete. Die Bedürfnisse des Reiters und Besitzers sind nicht selten denen des Tieres übergeordnet. Was das Pferd zu einem artgerechten Leben braucht, gerät gerne in den Hintergrund. Die meisten Probleme sind also „hausgemacht". Das Pferd zu unterdrücken, einzusetzen für die eigenen Zwecke und zu dominieren, ist auch viel leichter als man dies bei einem 600 Kilogramm schweren Tier glauben würde. Pferde sind derart sensible und verletzliche Seelen, dass sie unbedingt gefallen möchten. Sie wünschen sich Teil einer harmonischen und funktionierenden Gemeinschaft zu sein. Da sie keine Raubtiere sind, greifen sie nur im Notfall an, also dann, wenn sie sich nicht mehr anders zu helfen wissen. Es existiert eine endlos große Zahl an Exemplaren, die es vorziehen sich zurückzuziehen, bevor sie aggressiv reagieren. Sie werden **seelisch krank**. Dies äußert sich dann in psychischen Störungen und Auffälligkeiten.

Allerdings sind nicht alle Verhaltensweisen des Pferdes, die dem Menschen nicht gefallen, auch „gestört". Viel zu schnell verurteilen wir und übersehen unseren eigenen Anteil an der Situation. Das Pferd möchte sich mitteilen und auf seinen ggf. unerträglichen Zustand aufmerksam machen. Der Mensch-Pferd Beziehung kommt also bei der Entwicklung von Problemen eine sehr große Bedeutung zu.

Die Bedeutung der Mensch-Pferd Beziehung

Ist der Mensch wirklich der geeignete Sozialpartner für ein Pferd? Immerhin benimmt sich der Mensch nicht unbedingt wie ein Artgenosse des Pferdes. Einerseits putzt er es zwar und betreibt damit gewissermaßen Körperpflege, aber andererseits ist dieses Verhalten einseitig. Der Mensch lässt nämlich meist nicht zu, dass sein Pferd ihn ebenfalls ausgiebig beknabbert und säubert. Auch ist der Mensch kein vollwertiges Gruppenmitglied, denn er verbringt seine Zeit nicht Tag und Nacht im Herdenverband. Bei Gefahr flieht der Mensch auch nicht gemeinsam mit der Pferdegruppe. Insgesamt verhält er sich vielmehr wie ein Raubtier: Er schwingt sich klammerartig auf den Rücken des Pferdes und drückt zeitweise mit zwanghaften Methoden seinen Willen durch. Dabei hindert er das Pferd sogar an seinem natürlichen Fluchtinstinkt und fordert absoluten Gehorsam.

„Manche Reiter schauen aus wie Klammeraffen. Das einzige, was Miene und Körperhaltung ausdrücken, ist die offenbar beängstigende Erkenntnis, dass es sich bei einem Pferd um ein Tier handelt, das nach allen Seiten steil abfällt."
{Ursula Sehrt}

Eine echte Partnerschaft, die gegenseitiges Verstehen voraussetzt, scheint auf den ersten Blick kaum möglich zwischen zwei derart unterschiedlichen Lebewesen. Dass es bei diesem Ungleichgewicht immer wieder zu Missverständnissen kommt, verwundert wenig. Dennoch ist es aber in erster Linie das Pferd, das ständig gewillt zu sein scheint, den Menschen und dessen „unverständliche" und widersprüchliche Verhaltensweisen zu billigen. Ein guter Beobachter kommt schnell zu dem Schluss, dass Pferde durch ihre ehrliche Kommunikation eine Vertrauensbasis suchen. Diese erreicht das Herdentier über die natürliche Klärung der Rangfolge. Denn, wenn die Hierarchie im gemeinsamen Miteinander geklärt ist, dann fühlen sich alle Beteiligten wohl. Dabei kennen Pferde nur ein Schwarz-Weiß-Denken. Grauzonen sind ihnen völlig fremd. Gegebenenfalls, vielleicht, manchmal, möglicherweise, wahrscheinlich, eventuell usw. wären Begriffe, die ein Pferd niemals gebrauchen würde. Entweder sind die Dinge, wie sie sind – oder sie sind es eben nicht. Für das Überleben der Herde ist eine **klare** und **unmissverständliche Kommunikation** aller Familienmitglieder untereinander unabdingbar. Die Rollen sind klar verteilt. So wird auch ein Pferd stark bemüht sein, in der Beziehung zu seinem Menschen eine Rangordnung zu etablieren. Dabei bedient es sich mitunter Mitteln, die zwar aus Sicht des Menschen als unfreundlich gedeutet werden können, tatsächlich aber einen natürlichen und friedlichen Ursprung haben. Das unterschiedliche Kräfteverhältnis zwischen Mensch und Pferd macht vielen Zweibeinern erhebliche Angst. Da kann schon ein durchaus freundlich gemeintes Beknabbern als bedrohlich wahrgenommen werden. Der Versuch zum Sozialkontakt des Pferdes wird von Menschen häufig als schmerzhaftes Beißen erlebt und panisch zurückgewiesen. Dieses Abwehrverhalten interpretieren Pferde bisweilen als völlig unverständlich und seltsam.

Pferde und Menschen bedienen sich unterschiedlicher Kommunikationsmittel.

So nehmen Pferde beispielsweise Frequenzen wahr, die wir nicht hören können. Womöglich verständigen sich Pferde untereinander sogar im Ultraschallbereich. Menschen ist dies nicht möglich.

Auch der olfaktorische Informationsaustausch zwischen Pferden bleibt dem Menschen vorenthalten.

Da verwundert es kaum, dass wir das Verhalten unseres Pferdes mitunter nicht deuten können. Verständigungsschwierigkeiten und Fehlinterpretationen sind also vorprogrammiert.

Wie kann ich die Beziehung zu meinem Pferd verbessern?

Basis einer guten Partnerschaft ist, dass der Mensch die spezifischen Ausdrucksweisen des Pferdes kennt und versteht. Auch muss er sich selbst so verhalten, dass das Pferd seinerseits ebenfalls eine Chance bekommt ihn zu verstehen. Es ist Aufgabe des Menschen sich in die Psyche des Pferdes hineinzuversetzen. Wenn wir von unserem Pferd erwarten, dass es wie ein Mensch handelt und unsere menschlichen Verhaltensweisen versteht, dann kann es diesem Anspruch nicht gerecht werden.

Die Grundvoraussetzung einer harmonischen Mensch-Pferd Beziehung ist ein Umgang, der von **Ruhe**, **Gelassenheit** und **Konsequenz** geprägt ist. Eine Vertrauensbasis ist geeignet, dass das Pferd natürliche Flucht- und Angstreaktionen nicht mehr zeigen muss, weil es sich sicher fühlt. Auch Aggressionen sind aus Sicht des Pferdes nicht notwendig. Es ist entscheidend, dass der Mensch die „Führungsrolle“ innehat. Dies erreicht, wer über innere Stärke, Präsenz, Ruhe, Kraft und Souveränität verfügt. Auch unser Auftreten sollte davon geprägt sein, dass wir in uns selbst ruhen und unseren Körper gezielt einsetzen können. Eine wunderbare Aufgabe an uns selbst zu arbeiten. Diese bringt uns übrigens nicht nur im Zusammensein mit dem Pferd einen Vorteil, sondern stärkt uns auch für alle anderen Lebensbereiche und ermöglicht uns Handlungsstrategien zu erlernen.

Fallbeispiel:

Eine junge Frau kontaktierte mich und berichtete mir, dass sie mit ihrer „schwierigen Stute" nicht klar kommt. „Eigentlich ist sie ein wirklich liebes Pferd, aber ich habe den Eindruck, dass sie mich nicht mag. Ich gebe mir größte Mühe alles richtig zu machen, aber ich werde das Gefühl nicht los, dass sie mich ablehnt. Sie versteht mich irgendwie nicht. Mein Puls ist manchmal dermaßen hoch, dass ich mich kaum in den Stall traue. Ich glaube sie hat ein Problem mit mir und spiegelt mir das. Ich wette es ist meine Angst. Ich bin Schuld an der Situation, weil ich eben einfach jemand bin, der ein geringes Selbstwertgefühl hat. Ich weiß, dass sie Bewegung braucht, aber ich traue mich nach dem schweren Sturz nicht mehr zu reiten, obwohl ich es mir gleichzeitig auch irgendwie wünsche."

Problemanalyse:

Ich fuhr die Frau und ihr Pferd besuchen und erlebte eine starke, selbstbewusste und in sich ruhende Stute, die sehr genau wusste, was sie wollte. In der Herde war sie ranghoch und gab den Ton in jeder Beziehung an. Ihrer Besitzerin gegenüber war sie aufgeschlossen und zuvorkommend. Das eigentliche Problem erschloss sich mir zunächst überhaupt nicht. Ich bat die Besitzerin ihr Pferd von der Weide zu holen und fürs Reiten fertigzumachen. Die blanke Panik schoss ihr ins Gesicht. Sie „gehorchte" aber. Nach und nach stellte ich ihr ganz selbstverständlich Aufgaben, von denen ich wusste, dass sie grausame Angst davor hatte. Dennoch „erledigte" sie alle Anweisungen mit hochrotem Kopf und schrecklicher Sorge. Ich war völlig überrascht, als sie ohne Abwehr auf meinen „Befehl" hin einfach auf das gesattelte Pferd stieg, obwohl sie Monate nicht draufgesessen hatte. Jeder Muskel ihres Körpers war derart angespannt, dass ich selbst kurz Angst hatte, die Stute könnte ihr diesen Gefühlszustand spiegeln, und sie ein weiteres Mal abwerfen. Das tat sie aber nicht. Sie blieb gelassen und lief mit ruhigem Puls ihre Runden, während die Reiterin vor lauter Schnappatmung kaum mehr Luft bekam. Die Stute beeindruckte mich sehr. Also frug ich mich, wie weit ich eigentlich gehen konnte? Mit einem völlig selbstverständlichen Ton gab ich die Anweisung jetzt die Galopphilfe zu geben. Zu meinem Entsetzen tat die Reiterin dies, obwohl sehr deutlich war, dass sie eigentlich nicht wollte und überfordert war. Die Stute hingegen war völlig entspannt und lief in einem sauberen Galopp. Als ich die Reiterin bat anzuhalten und zu mir zu kommen, konnte ich sehen, dass sie weinte. Dann brachen plötzlich alle Dämme und sie sackte in sich zusammen und schmiss sich weinend auf den Hals ihrer Stute. Ich ließ sie dort eine Zeit lang.

Es folgte ein langes Gespräch, in dem ich ihr erklärte, dass sie eine fantastische Stute habe, die für sie und ihre Entwicklung eine einmalige Chance darstelle. Aus meiner Sicht glich die Stute alle inneren Konflikte, die die Frau hatte aus. Im Grunde waren die beiden wie zwei Pole. Die ranghohe, selbstsichere Stute hatte ein unsicheres Mädchen „adoptiert". Dass die Stute beim Reiten alles anstandslos mitmachte, hatte damit zu tun, dass sie eigentlich Führung von der Frau wollte. Auch wenn sie noch ängstlich war, so gab sie wenigstens Anweisungen und forderte etwas von ihrem Pferd. Das wertete die Stute positiv und freute sich über Ansprache. Die Idee der Reiterin, dass ihr Pferd sie nicht mochte, und ablehnte, stimmte keineswegs. Vielmehr stellte sich heraus, dass die Frau sich selbst und ihre Angst vor Entscheidungen – besonders in beruflicher Hinsicht – ablehnte. Auch ihre „Hörigkeit gegenüber Autoritäten" stand ihr im Weg. Sie hatte gelernt, dass sie sich nicht wehren darf und allen Anweisungen von anderen brav Folge leisten müsse. Die Erkenntnis, dass sie selbst sehr wohl ihre Meinung äußern darf und auch darauf bestehen darf, änderte innerlich und äußerlich sehr viel in ihrem Leben. Ihre Stute begleitet sie auch heute noch auf ihrem Weg.

Manche „Problempferde“ sind bei genauer Betrachtung überhaupt keine. Bei einem solchen Fall liegt die Lösung in der Veränderung der Denkmuster und Handlungsstrategien des Menschen.

Ein vertrauensvolles Miteinander ist oft nur möglich, wenn der Mensch sich selbst und sein Verhalten hinterfragt.

Mitunter sind die Tiere aber auch hilflos und können ihre Umwelt nicht verstehen. Sie entwickeln Störungen und Auffälligkeiten, die nicht ihrem natürlichen Verhaltensrepertoire entsprechen. Hier besteht **Handlungsbedarf** und der Halter muss **Verantwortung** für sein Tier übernehmen. Dafür sollten aber erst einmal die Ursachen und Auslöser für das „Problemverhalten“ ausgemacht werden. Handelt es sich wirklich um eine physische oder gar psychische Erkrankung, die mit neuronalen Veränderungen einhergeht? Oder versucht das Pferd durch sein „unnormales“ Verhalten seinem Besitzer aufzuzeigen, dass etwas in dessen Verhalten nicht in Ordnung ist? Vielleicht sind auch die Haltungsbedingungen nicht artgerecht und entsprechen nicht den Grundbedürfnissen des Pferdes.

Ursachen und Auslöser

Bevor blind gehandelt und ein Therapieversuch nach dem anderen gestartet wird, sollten vorweg Überlegungen und Untersuchungen durchgeführt werden:

- **Zeit:** Seit wann besteht das Problem?
- **Anfang:** Wie hat das Problem begonnen?
- **Entwicklung:** Wie hat sich das Problem weiterentwickelt?
- **Lösungen:** Gab es bereits Problemlöseversuche? Wie hat das Pferd auf diese reagiert?
- **Verhalten des Menschen:** Wie hat sich der Mensch dem Pferd gegenüber gewöhnlich verhalten?

Für eine sinnvolle Problemlösestrategie – unabhängig davon, um welches Problem es sich handelt – sollten wir uns immer wieder bewusst machen, dass sich das gesamte Verhalten des Pferdes auch nach 5000 Jahren Domestikation immer noch an ihrem ursprünglichen Lebensraum orientiert: an der Steppe. Unsere **künstlich** erschaffene **Haltungswelt** sorgt also nicht selten für Probleme. Die Unterschiede zwischen momentaner und art-ursprünglicher Umwelt sind so groß, dass die **Anpassungsfähigkeit** des Pferdes **überfordert** wird. Verhaltensstörungen sind daher ein offensichtlicher Hinweis auf eine Überforderung der evolutionären Verhaltenssteuerung. Betreffen kann dies verschiedene Funktionskreise:

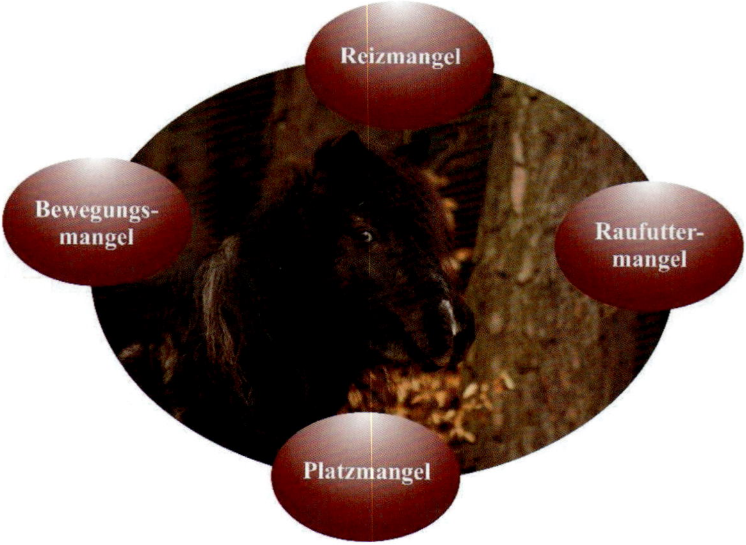

Es handelt sich hier also besonders um **Mangelerscheinungen** in der Haltung. Gleichzeitig überfordern wir unsere Pferde mit ständigen Stressreizen, ohne ihnen die Möglichkeit zu geben, artgerecht darauf zu reagieren. Verhaltensstörungen entstehen als Folge einer nichtkontrollierbaren Umwelt. Hinzu kommen ständige Konfliktsituationen, die als unlösbar wahrgenommen werden – und es meist vonseiten des Pferdes auch sind. Pferde reagieren psychisch ähnlich auf Kontrollverlust wie Menschen. Wenn uns jegliche Handlungsoptionen genommen werden, wir völlig abhängig von anderen sind und uns dazu auch noch notwendige, natürliche Ressourcen entzogen werden, so werden auch wir seelisch krank. Manchmal so krank, dass dagegen kein Kraut gewachsen zu sein scheint.

Erstmalig gezeigt wird eine Verhaltensstörung meist nach einem **einmaligen Schockerlebnis** oder **extremen Stresssituationen**, denen das Pferd ausgeliefert ist (**Initialtrauma**):

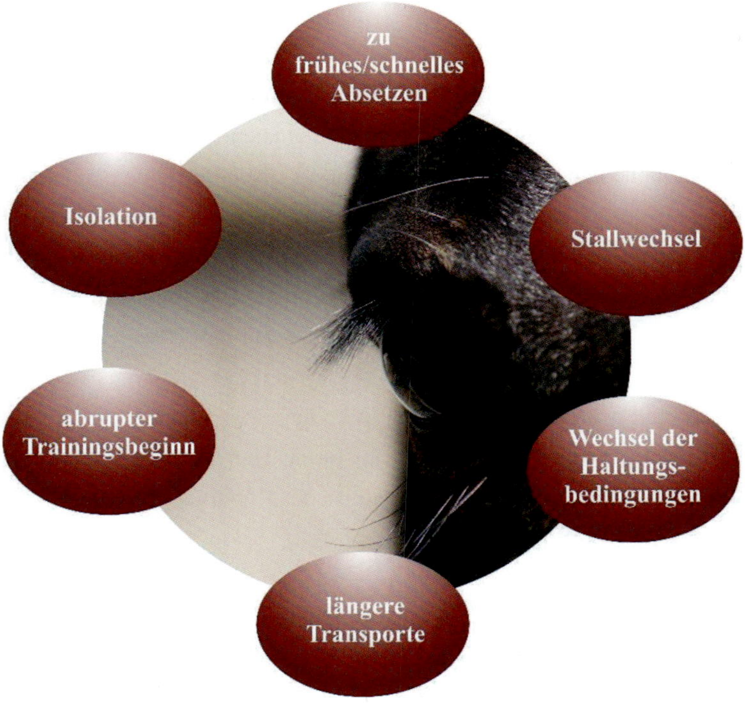

Tatsächlich reicht ein **einziges** solches **Schlüsselerlebnis** aus, dass die Verhaltensstörung zukünftig auch in anderen Stresssituationen gezeigt wird. Allerdings reagieren nicht alle Pferde bei erhöhtem Stress mit Verhaltensstörungen. Dies lässt vermuten, dass **genetische** – also erbliche **Faktoren** – eine große Rolle bei der Ausbildung einiger Verhaltensstörungen spielen. Araber, Vollblüter und Halbblüter sind scheinbar anfälliger als Kaltblüter und Ponys. Zu beachten gilt aber in diesem Zusammenhang, dass gerade diese Rassen in der Haltung stark eingeschränkten Bedingungen ausgesetzt sind. Hingegen leben Ponys viel häufiger unter artgerechten Bedingungen. Vermutlich reagieren einige Pferde aus erblichen Gründen auf fehlerhafte Haltungsbedingungen einfach sensibler als andere.

Zudem wird bei der Entstehung von Verhaltensstörungen bzw. Stereotypien eine Beteiligung des **endogenen Opioidsystems** vermutet. Körpereigene Opioide spielen eine entscheidende Rolle bei Emotionen und der Schmerzregulation. Neuere Untersuchungen belegen, dass diese endogenen Opioide Ursache für stereotype Bewegungen sind. Erkrankte Pferde reagieren während dem Koppen oder Weben empfindlicher auf Schmerzreize. Zudem hat stereotypes Verhalten eine stressreduzierende Wirkung auf das Pferd.

Auch ein **Serotoninmangel** kann Stereotypien, erhöhte Aggressivität und Hypernervosität bzw. Angst auslösen. Hier kann beispielsweise die Gabe von L-Tryptophan (natürliche Vorstufe von Serotonin) kurzfristig Abhilfe schaffen.

Wie ein Pferd genutzt wird, ist ebenfalls ganz entscheidend bei der Entwicklung einer Verhaltensstörung. Tatsächlich kommen Verhaltensstörungen bei Dressur- und Rennpferden viel häufiger vor als bei Pferden, die für Ausdauerprüfungen trainiert werden. Bei der Bewertung dieser Forschungsergebnisse sollten allerdings die Haltungs- und Trainingsunterschiede Berücksichtigung finden. Haltungsfehler und fehlerhafter Umgang mit dem Pferd sind meist ursächlich für unerwünschtes Verhalten. Hierzu zählen:

Unerwünschtes Verhalten des Pferdes kann sich auch aus dem **natürlichen Fluchtverhalten** des Pferdes ergeben oder ist die Folge vergangener angstvoller oder schmerzhafter **Erfahrungen**. Wir können also in einem solchen Fall von Reaktionen des Pferdes sprechen, die Schaden vermeiden sollen. Andere unerwünschte Verhaltensweisen sind die Folge eines **ungünstigen Konditionierungsprozesses**. In einem solchen Fall hat der Mensch das Verhalten des Pferdes (ungewollt) verstärkt, z. B. durch Aufmerksamkeit oder Futtervergabe.

Eine andere Ursache ist die Schaffung **eigener Stimulation**. Dies geschieht beispielsweise dann, wenn das Pferd selbst Lärm erzeugt (Schlagen gegen die Stalltür, Klappern mit Gegenständen, Scharren oder Gitterbeißen). Das gelangweilte Pferd sorgt in einer reizarmen Umgebung selbst für Reize. Meist zieht das lärmerzeugende Pferd schnell die Aufmerksamkeit anwesender Menschen auf sich. Auf diese Weise wird das unerwünschte Verhalten verstärkt, denn das Pferd hat gelernt, dass wenn es Laute erzeugt, es Zuwendung bekommt. Auch eine negative Reaktion des Menschen (z. B. Schimpfen) verbindet bzw. konditioniert das Pferd mit Aufmerksamkeit und wertet dies als **Belohnung** für sein Verhalten.
Überdies existieren noch weitere Ursachen: So können sowohl das **Gebäude** eines Pferdes als auch dessen „**Charaktereigenschaften**" unerwünschtes Verhalten begünstigen. Beispielsweise neigen Pferde mit verkürztem Rücken zu Verspannungen. Dieselben lösen schnell Blockaden aus, die das Pferd in der Folge „bockig" erscheinen lässt. Tatsächlich ist das Verhalten aber zunächst eine „gesunde" Abwehrreaktion.

In diesem Sinne ist es unerlässlich, dass das Tier bei Verhaltensauffälligkeiten immer einem Tierarzt vorgeführt wird.

„**Hoch im Blut**" stehende Pferde haben nicht selten aufgrund ihres Temperaments und ihres ausgeprägten Bewegungsdrangs übermäßige Schreckreaktionen und neigen verstärkt zum Scheuen. Dies gilt es ebenfalls bei einer Situationsbewertung zu berücksichtigen.

Persönlichkeitsmerkmale, Abstammung und Individualität haben großen Einfluss auf das Verhalten eines Pferdes.

Neben den eigentlichen Ursachen gilt es auch immer die **aktuellen Auslöser** einer Verhaltensstörung zu beachten. Diese führen dazu, dass eine Verhaltensstörung zu einem bestimmten Zeitpunkt auftritt. In den meisten Fällen löst ein äußeres Ereignis, das **inneren Stress** beim Pferd hervorruft die Verhaltensstörung aus. Bei Verhaltensstörungen, die schon länger bestehen und sich fest etabliert haben, ist allerdings häufig kein Auslöser mehr erkennbar. Hingegen wirkt bei unerwünschtem Verhalten (z. B. Sattelzwang) die **jeweilige Situation** auslösend.

Vorbeugung von Verhaltensproblemen

„Das Pferd ist nur dann in der Lage, seine Anlagen voll zu entfalten, wenn es sich hinsichtlich seiner arttypischen Lebensbedürfnisse mit der Umwelt - das heißt, auch mit dem Menschen - in Einklang befindet. Der Umgang mit dem Menschen soll für das Pferd Geborgenheit in allen Situationen bedeuten."
{Prof. Klaus Zeeb, Fachtierarzt für Verhaltenskunde}

Etablierte Verhaltensprobleme des Pferdes sind meist nur sehr schwer wieder zu beseitigen. Der Aufwand und die Kosten sind nicht selten recht hoch. Auch muss der Besitzer sehr stark an sich arbeiten und sein Ego zurückstecken. Er muss Empathie für sein Pferd entwickeln und viel dazulernen. Was für den einen eine Selbstverständlichkeit ist, ist für den anderen eine enorme Herausforderung. Entsprechend kommt prophylaktischen Maßnahmen eine sehr hohe Bedeutung in der Pferdehaltung zu, damit es erst gar nicht zu Problemen kommt.

Die pferdespezifischen Ansprüche eines Vierbeiners sind von Anfang an und zu jedem Zeitpunkt in den Mittelpunkt zu setzen. Dies bezieht sich auf Haltung, Ausbildung und Nutzung des Tieres. Folgende Punkte sind insbesondere zu berücksichtigen:

- Ständige Gewährleistung von optischen, olfaktorischen und taktilen Kontaktmöglichkeiten zu Artgenossen.
- Rücksichtnahme auf das pferdespezifische Futteraufnahmeverhalten.
- Ausreichende Möglichkeiten den Bewegungsdrang auszuleben.
- Viel Frischluft und Tageslicht (auch im Stallbereich).
- Vermeidung von körperlicher und seelischer Belastung.

„Die Anatomie und die Psyche des Pferdes geben seinen Ausbildungsweg vor."
{Gerd Heuschmann}

Es ist die Aufgabe eines jeden Pferdebesitzers nach bestem Wissen und Gewissen zu handeln und dafür Sorge zu tragen, dass der anvertraute Vierbeiner physisch und psychisch keinen Schaden nimmt. Wie dieser Forderung zur Vermeidung von Verhaltensproblemen Rechnung zu tragen ist, soll im Folgenden dargestellt werden.

Gruppenauslauf

Im Rahmen einer artgerechten Pferdehaltung sollten immer die Möglichkeiten zu Sozialkontakten und freier Bewegung gegeben sein. Auch ein **physiologischer Futteraufnahmerhythmus** sollte gewährleistet werden. Diese und weitere Anforderungen an die

Haltung und den Umgang des Tieres kollidieren häufig mit der Nutzung des Pferdes. Viele Pferdebesitzer wollen eine sofortige Verfügbarkeit des Pferdes, wenn sie in ihrer knapp bemessenen Zeit in den Stall kommen. Aus der Sicht einiger Halter spricht auch gegen eine Weide- oder Offenstallhaltung, dass der Vierbeiner sich verletzen könnte, wenn er den ganzen Tag mit Artgenossen spielt. Außerdem ist das Pferd nicht selten „schmutzig", wenn es den ganzen Tag auf der Weide steht. Das kostet Zeit beim Putzen. Die psychischen und physischen Folgen von Vereinsamung und Bewegungsmangel werden bei dieser Argumentation häufig ausgeblendet.

Die Gruppenhaltung gestattet viel Kontakt zu Artgenossen und ermöglicht ausreichend Bewegung. So bleibt der Vierbeiner psychisch gesund.

Besonders bei der Nutzung des Pferdes als Sportpferd stehen nicht selten eigene Erfolge und die Sorge vor hohen Tierarztrechnungen wegen Weideverletzungen im Vordergrund. So befürchten Besitzer „hochkarätiger" Sportpferde auch oft eine Untauglichkeit des Tieres für den Sport, wenn es zu viel Ablenkung und „Spaß" auf der Weide erfährt. Auch die Idee, dass das Pferd sich „Untugenden“ bei Artgenossen abschauen könnte, schwirrt fälschlicherweise noch in vielen Köpfen. Demgegenüber liegen mittlerweile Erfahrungen und Studien vor, die belegen, dass sich Sozialkontakt und freie Bewegung auch mit einer intensiven Nutzung des Pferdes im Hochleistungssport vereinbaren lassen. Tatsächlich zeigt eine Untersuchung an Rennpferden auf, dass in der Gruppenhaltung kein höheres Verletzungsrisiko besteht als in der Einzelhaltung.

„Pferde rennen lieber ohne Pferderennen.“
{Manfred Hinrich}

Einzelboxenhaltung

Trotz artgerechterer Alternativen ist die Haltung des Pferdes in Einzelboxen immer noch die gängigste Haltungsform. Dennoch – oder gerade deshalb – sollten die pferdespezifischen Bedürfnisse dringend Berücksichtigung finden. Für genügend Tageslicht und Frischluft kann ein jederzeit zugänglicher Auslauf sorgen. Selbstverständlich ermöglicht dieser dem Pferd nur ein Minimum an Bewegung. Entsprechend sollte ein mehrstündiger täglicher Koppelgang innerhalb einer verträglichen Gruppe gewährleistet sein. Wie hoch tatsächlich die Isolation von Pferden in einer Einzelbox zu bewerten ist, hängt von der Boxenanordnung und der Beschaffenheit der Trennwände ab. Halbhohe Wände, Gitter oder eingehängte Stangen erlauben den Vierbeinern Sozialkontakt. Die Boxen sollten also so beschaffen sein, dass allen Pferden ein **stetiger Sozialkontakt** ermöglicht wird. Hochgeschlossene Wände sind nur in Einzelfällen zu befürworten, z. B. in Tierkliniken oder bei Abfohlboxen zum Schutz der Tiere.

Die **Mindestgröße** einer Einzelbox wird nach der **Widerristhöhe** des jeweiligen Pferdes bemessen. Sowohl eine Box als auch ein Auslauf sollten **wenigstens** die Größe folgender Berechnungsformel aufweisen:

mindestens 2 x Widerristhöhe^2.

Weiter ist darauf zu achten, dass Ecken an Futterkrippen und Türen abgerundet sind und die Boxen- und Stalltüren ausreichend breit sind. Ansonsten können die Pferde hängenbleiben und sich ernsthaft verletzen. Es sollten überdies rutschfeste Böden, stabile Anbindevorrichtungen und schlagfeste Wände vorhanden sein.

Die **Luftqualität** im Stall sollte an die der Außenwelt angepasst sein. Gleiches gilt für die **Temperatur**. Die Luft sollte relativ trocken, aber dabei nicht dauertrocken sein. Eine hohe Luftfeuchtigkeit in der Frischluft ist nicht schädlich, aber es entstehen in Ställen häufig Fäulnisprobleme, weil die Feuchtigkeit in der Luft durch einen hohen Anteil verbrauchter Ausatemluft entstanden ist. Es muss also für die Stallhaltung unbedingt folgender Grundsatz gelten:

Bei Stallhaltung muss immer dafür gesorgt werden, dass die verbrauchte Luft erneuert wird.

Die Belüftung kann durch freie Lüftung (Fenster, Türen, Decken, Luftschächte oder Lüftungsanlagen usw.) erfolgen, während insbesondere im unteren Boxenbereich (kurz über der Einstreu) Lüftungslöcher und -schlitze sinnvoll sind. Auch kommt auf diese Weise mehr Licht in die Box. Pferde brauchen viel Helligkeit, damit lichtabhängige Körperfunktionen unbeschränkt ablaufen können:

Natürliches Tageslicht fördert:

Lichtmangel hingegen führt zu:

- Rachitis (Knochenfehlbildung und -erweichung),
- mangelnder Sauerstoffversorgung,
- Leistungsmangel (Versauerung der Muskulatur),
- schlechtem Stoffwechsel,
- verminderter Lernbereitschaft.

Es muss also auch in Ställen durch ausreichend große Fenster und Türen für angemessenen Lichteinfall gesorgt werden, damit die Pferde gesund bleiben. Fenster ermöglichen es den Pferden darüber hinaus an den Vorgängen außerhalb des Stalls teilzuhaben. Es wird also einer Reizarmut vorgebeugt. In jedem Fall müssen dem Pferd **zusätzliche Beschäftigungsreize** geboten werden (z. B. aufgehängtes Spielzeug wie Plastikbälle oder Autoreifen).

Aufzucht

Als mögliche Ursache für die Entstehung von Verhaltensstörungen kommt dem **Absetzen von der Mutterstute** eine besondere Bedeutung zu.

Die Bindung zwischen Mutterstute und Fohlen ist in den ersten Monaten sehr eng. Um ein Trauma zu vermeiden, sollte der Prozess der Loslösung langsam erfolgen.

Abgesetzte Fohlen müssen zwingend in einer Herde gehalten werden. Ansonsten stellt die soziale Isolation neben der Trennung von der Mutter eine starke Belastung dar. Einzeln gehaltene Absetzer neigen laut Studien viel häufiger dazu Boxengegenstände zu belecken und zu beknabbern als Absetzer, die in einer Gruppe leben dürfen. Das Belecken ist eine bekannte Vorstufe für die Entwicklung von Stereotypien, die maulassoziiert sind.

Ein schrittweise vollzogener Absetzvorgang ist empfehlenswert. Hierbei wird die Mutterstute für immer längere Zeiten vom Fohlen weggeführt wird. Dabei erlaubt wohl die Gruppenhaltung den natürlichsten Absetzprozess. Es vollzieht sich eine allmähliche

Loslösung des Fohlens von der Mutter. Vermutlich wird das endgültige Absetzen als weniger einschneidendes Erlebnis empfunden. Die Mutter wird nicht radikal aus der Herde „entfernt", sondern nach und nach, wobei das Fohlen ein geringeres Risiko für die Entstehung einer Verhaltensstörung trägt.

Die Herde gibt Sicherheit und erfüllt eine wichtige Sozialisations- und Erziehungsfunktion, die den Jungspund auf das Leben vorbereitet.

Zur weiteren Aufzucht sollten sich Absetzer in einem Familienverband entwickeln dürfen. Die „Erziehung" sollte durch ältere Gruppenmitglieder erfolgen, wobei die Gleichaltrigen miteinander spielen können. Auf diese Weise haben die Pferde die Chance, sich in einem Sozialverbund zurechtzufinden und lernen überdies angemessene Handlungsstrategien für neue Situationen zu erproben. Dies kommt ihrer Stresstoleranzgrenze sehr entgegen, denn Aufgaben, die ihnen im Rahmen ihrer späteren Ausbildung gestellt werden, können sie dann deutlich besser verarbeiten und lösen.

Ausbildung und Nutzung

Da Verhaltensstörungen häufig durch ein Trauma bzw. eine Überforderung ausgelöst werden, kommt besonders der Jungpferdeausbildung eine extrem hohe Bedeutung zu.

Das Trainingsprogramm muss so umgesetzt werden, dass es sich an der Entwicklung und den körperlichen Voraussetzungen des Pferdes orientiert.

Physische und psychische Überforderungen bei der Ausbildung müssen immer vermieden werden.

Da der erstmalige Trainingsbeginn häufig mit einer Veränderung der Haltungsform oder einem Stallwechsel einhergeht, ist das Einreiten ein besonders kritischer Zeitpunkt. Darum ist es unbedingt notwendig, dass in dieser ersten Phase mit einer behutsamen Vorgehensweise der Entstehung von stressbedingten Verhaltensstörungen vorgebeugt wird.

Es ist Besitzern von jungen Pferden entsprechend angeraten, dass sie sich intensiv mit der Auswahl des Trainers auseinandersetzen. Um dem Vierbeiner ein Leben voller Stress und Therapiemaßnahmen zu ersparen, sollte der Faktor Zeit keine bedeutende Rolle spielen. Nicht selten sollen Pferdeausbilder ein Pferd so schnell wie möglich leistungsbereit machen. Das setzt sie stark unter Druck, so dass die Ausbildung weder harmonisch ablaufen kann noch an den natürlichen Grenzen des Pferdes orientiert ist. Auch sollte sich der Besitzer gleichermaßen mit der Ausbildung seines Pferdes beschäftigen – natürlich unter Anleitung. Dies ist eine sensible Phase und der Halter kann viel über sich und sein Tier lernen. Wer sein Pferd einfach unreflektiert drei Monate in Beritt gibt, muss sich nicht wundern, dass er keine „perfekte Leistungsmaschine“ wieder zurückbekommt. In einem solchen Fall wird mit falschem Maß gemessen. Eine solide Ausbildung braucht Zeit und Einfühlungsvermögen – sowohl vonseiten des Trainers aus auch vonseiten des Besitzers, der das Pferd später reiten möchte. Wir sollten immer den Anspruch an uns selbst haben, nie ausgelernt zu haben. Und manchmal ist es wichtig, zuhören zu können; und zwar dem Pferd.

„Die meisten Menschen sind bereit zu lernen,
aber nur die wenigsten, sich belehren zu lassen.“
{Winston Churchill}

Erfolgreiche Lernvorgänge setzen unbedingt voraus, dass das Pferd bereits die erforderliche körperliche und seelische Reife in seiner Entwicklung erreicht hat. Dabei entwickeln sich Pferde ähnlich wie Menschen unterschiedlich schnell. Das eine ist früher „erwachsen“, das andere deutlich später. Wird ein Pferd im Training überfordert, können sogar Rückschritte statt Fortschritte in der Ausbildung stattfinden. Es kann nur wenig erreicht werden, wenn ein Pferd zwar versteht, was es machen soll, aber nicht fähig ist, die Anforderungen in eine passende Leistung umzusetzen.

Eignung, Grenzen und Veranlagung eines Pferdes müssen erkannt und berücksichtigt werden.

Pferde haben (genau wie Menschen) unterschiedliche Motivationszustände. Diese können täglich bzw. sogar stündlich wechseln.

Die Motivation eines Pferdes für die Arbeit sollte also mit Bedacht gefördert werden und sich dabei größtenteils auf die gestellten Aufgaben beziehen. Andere Motivationen (z. B. Fortpflanzungstrieb, Fluchtverhalten oder ausgiebiges Fressen) gehören nicht in eine angesetzte Arbeitszeit bzw. Lerneinheit. Ansonsten können vermehrt Probleme und Konflikte zwischen Mensch und Pferd auftreten. **Konsequenz** in diesem Punkt ist wichtig, denn verbindet ein Pferd negative Erfahrungen mit dem Menschen und den angebotenen

Lerneinheiten, so wird es andere unabhängige Handlungsbereitschaften dem Training vorziehen.

Aber wie viel Motivation ist noch gut?

Jede Motivation ist ein Erregungszustand. Ein mittleres Erregungsniveau führt allerdings zu wirkungsvollerem Verhalten als ein sehr hohes oder zu niedriges. Stress als positive Motivation kann eine Verbesserung der Leistungsfähigkeit erzielen. Das funktioniert aber nur dann, wenn die vom Körper ausgeschütteten Stresshormone im normalen Maß bleiben. Die Lernfähigkeit sinkt rasant bei einem ruhenden bzw. stark aufgeregten Pferd. Völlig blockiert sind Pferde in Paniksituationen, also bei negativem Stress. Nervösen Pferden fällt das Lernen deutlich schwerer als grundsätzlich entspannten Pferden. Erstere sind aber nicht weniger lernfähig, sondern brauchen einfach – bedingt durch ihre Unruhezustände – mehr Zeit für eine Aufgabe. Ruhigere Tiere machen dagegen deutlich schnellere Lernfortschritte, da sie weniger Anfälligkeiten für Ablenkungen zeigen und insgesamt konzentrationsfähiger sind.

Für die Praxis heißt das:

- Das Pferd sollte in seiner Körpersprache und Kommunikation immer genau beobachtet werden, um seinen emotionalen Zustand zu erfassen.
- Die Lernumgebung sollte übersichtlich und ruhig sein, damit es keinen negativen Stress erfährt.
- Der Mensch sollte dem Pferd durch Gestik und Mimik Sicherheit vermitteln.

Wir können also sehr viel dafür tun, damit unser Pferd erst gar keine Verhaltensprobleme entwickelt. Aber was ist zu tun, wenn es dennoch geschieht und der Vierbeiner „plötzlich" in seinem Verhalten auffällig wird?

„Schützt die Pferde – die letzten Zeugen der Ritterlichkeit.“
{Gennadi Malkin}

2. Teil

Verfahren der Verhaltenstherapie

„Lerne zu denken, zu kommunizieren, zu spielen und zu handeln wie ein Pferd - Du wirst überrascht sein, wie sehr sich Dein Pferd für Dich bemüht!“
{Susanne Lohas}

Für eine erfolgreiche Verhaltenstherapie ist immer zunächst eine korrekte Diagnose des Verhaltensproblems Voraussetzung. Auch ist es ganz entscheidend, dass der Halter des betroffenen Pferdes sich aktiv an den Behandlungsmaßnahmen beteiligt. Sowohl ggf. umfassende **Veränderung der Haltungsbedingungen** als auch **aufwendige Konditionierungsmaßnahmen** kosten viel Zeit und Muße. Die Mitarbeit und Einsichtsfähigkeit des Pferdehalters entscheidet über Erfolg oder Misserfolg der Therapiemaßnahmen. Dabei ist es ganz entscheidend, dass sich der Mensch gelehrig und wissbegierig zeigt. Auch eine geduldige und in jeder Hinsicht **konsequente Vorgehensweise** ist wichtig, damit sich im Leben des Pferdes positive Veränderungen vollziehen können. Nur auf diese Weise kann sich auch die Beziehung zum Menschen stabilisieren. Hierfür ist es wichtig, dass auch der Halter bereit ist einzusehen, dass die Probleme seines Pferdes mitunter durch menschliches Fehlerverhalten ausgelöst wurden und werden. Oft ist die **Veränderung des eigenen Verhaltens** gegenüber dem Pferd der Schlüssel für eine bessere Zukunft. Nicht selten eine „bittere Pille“, die so mancher Halter nicht bereit ist anzunehmen. Dies liegt in den meisten Fällen daran, dass die uneinsichtigen Halter in aller Regel davon überzeugt sind, dass sie „nur das Beste“ für ihr Pferd wollten und entsprechend gehandelt haben. Dass das Beste aus Sicht des Menschen noch lange nicht das „Gelbe vom Ei“ für das Pferd ist, stößt häufig auf heftigen Widerstand. Menschen und Pferde gehören aber verschiedenen Gattungen an und die unterschiedlichen Grundbedürfnisse sind nicht vergleichbar. Übertragungen eigener, unerfüllter Wünsche auf das Pferd sind hier fehl am Platz und führen zu psychischen Erkrankungen. Einsicht und Handlungsfähigkeit sind gefragt.

„Von anderen etwas fordern, ist leicht. Das aber ist das Schwerste: die Forderung an sich selbst.“
{A. S. Makarenko}

Die häufigste Ursache ist nicht mangelhaftes Interesse am Wohlbefinden des Pferdes, sondern Unwissenheit bezogen auf **pferdespezifische Verhaltensweisen** und **Haltungsansprüche**.

Halter sollten sich zwingend grundlegende Kenntnisse über arttypisches Normverhalten des Pferdes aneignen.

Auch sollte das „schwierige Pferd“ nicht einfach für eine geraume Zeit in Behandlung weggegeben werden, damit man einen „kurierten Vierbeiner“ zurückbekommt. Jede Therapie, jedes Verhaltenstraining und jedes Konditionierungsvorhaben sollte zwingend von der Person durchgeführt werden, die die Probleme mit dem Vierbeiner hat.

Die Behandlung bzw. das Training sollte am Heimatort (natürlich mit professioneller Unterstützung) stattfinden. Der **problemspezifische Kontext** (Haltungsumwelt und Verhalten des Besitzers) muss berücksichtig werden.
Sicherlich werden bei einem fremden Trainer in fremder Umgebung mitunter schnelle und beachtlich Erfolge erzielt. Da sich aber der Besitzer des Tieres nicht ausreichend hinterfragt hat, wird er auch sein Verhalten nicht verändern. In der Folge tritt das Problemverhalten des Pferdes zeitnah wieder auf – nicht selten verschlimmert. Manchmal wird es auch durch ein anderes ersetzt. So hat man einen „Sack Probleme“ mit einem anderen ausgetauscht und dabei noch viel Geld gelassen.
Was mit dem eigenen Pferd hinter fremden Mauern veranstaltet wurde, bleibt überdies Geheimnis des Fremdtrainers. Der Besitzer eines auffälligen Pferdes kann es nicht vermeiden, sich mit sich selbst und seinem eigenen Anteil an der Situation auseinanderzusetzen. Jedenfalls dann nicht, wenn er Lösungen erwartet. Die liegen nämlich meist in ihm selbst.

Verbesserung der Haltungsbedingungen

Die meisten Verhaltensprobleme von Pferden sind auf **inadäquate Haltungsbedingungen** zurückzuführen. Die pferdespezifischen Ansprüche werden nur unzureichend berücksichtigt.

Folgende Faktoren, auf die Pferde in „Menschenhand" wenig Einfluss haben, bestimmen ihr Leben:

- Wasser
- Futter
- Paarungspartner
- Raubtiere
- Parasiten
- Krankheiten
- Wetter
- Konkurrenzdruck

Der gesamte Tagesablauf unter natürlichen Bedingungen steht also oft in einem krassen Widerspruch zu dem streng geplanten Management in den heutigen Ställen.

Viele Pferde leben in menschlicher Obhut in ziemlicher Reizarmut.

So ist es bei der Boxenhaltung nicht unüblich, dass die Pferde von vielen Umwelteinflüssen abgeschirmt werden. Die Entstehung von unerwünschtem Verhalten bzw. Verhaltensstörungen ist dann sehr wahrscheinlich. Ein Pferd braucht unbedingt die Möglichkeit, seinen Bedarf an allen benötigten Stoffen und Reizen zu decken.
Der **Optimierung der Haltung** kommt also immer eine herausragende Bedeutung in der Therapie von „Problempferden" zu. Insbesondere sollten das **Sozialverhalten**, die **Nahrungsaufnahme** und der **Bewegungsbedarf** Beachtung finden. So weitgehend wie möglich sollte es dem Pferd gestattet werden, sein genetisch vorgegebenes Verhaltensrepertoire ausleben zu können.

Fallbeispiel:
Eine meiner Klientinnen hielt eine ältere „Rentnerstute" in einer Einzelbox. Sie war zwar laut Tierarzt körperlich gesund und sehr verträglich, aber die Besitzerin hatte große Sorge, dass die Stute auf der Weide oder im Offenstall gegenüber den jüngeren Pferden Nachteile habe. „In der geschlossenen Box ist sie sicher. Ich habe in meinem Leben so viele Pferde verletzt gesehen, weil sie von anderen Pferden malträtiert wurden. Das erspare ich meiner alten Dame. Aber sie wirkt irgendwie so unglücklich." Die Besitzerin bat mich um „therapeutische Hilfe". Sie war der festen Überzeugung, dass ein seelisches Trauma vorliegen musste. Ich sah mir das Pferd an und erlebte ein liebenswertes und zuvorkommendes Tier. Allerdings hatte

die Besitzerin nicht ganz unrecht: Die Stute wirkte leicht apathisch und einsam. Wir führten viele lange Gespräche und nach und nach wurde klar, wo das eigentliche Problem lag – nämlich bei der Klientin.

Problemanalyse:

Die Frau hatte selber Angst in Gesellschaft unangenehm aufzufallen. Auch hatte sie noch etliche schwierige Ereignisse in ihrem Leben nicht verarbeitet und übertrug ihre eigene Angst vor der Boshaftigkeit anderer Menschen auf ihre Stute und potenzielle Herdenmitglieder. Es hat mich sehr viel Arbeit und Überredungskunst gekostet ihr schonend und mit etwas diplomatischem Geschick beizubringen, dass das Pferd dringend Sozialkontakt brauchte – auch in der Box. Zunächst einmal veränderten wir zu diesem Zweck die Trennwände der Box, damit die Stute Sozialkontakt zu ihren Boxennachbarn pflegen konnte. Allmählich integrierten wir sie in eine Herde, wobei dies für die Frau deutlich schwieriger war als für ihre Stute. Sie war entsetzlich angespannt und nervös, sobald ihre Stute Kontakt zu anderen Pferden hatte. Diese Phasen nutzte ich als Gelegenheit für meine Klientin, sich vergangene Konflikte von der Seele zu sprechen. Gleichzeitig konnte sie erfahren und erleben, dass es auch Sozialkontakt unter Artgenossen gibt (auch zwischenmenschlichen), der positiv und liebevoll ablaufen kann. Langsam gewann ich mit meiner Methode Vertrauen und der Besitzerin blieb nicht verschlossen, dass ihre Stute sich deutlich wohler fühlte und einfach lebenslustiger wirkte.

Allerdings ist es auch heute noch für meine Klientin mit leichter Wehmut verbunden, wenn sie nicht sofort von ihrer Stute freudig begrüßt wird. Diese zieht den Kontakt zu ihren Herdenmitgliedern zeitweilig vor. Verständnis für ein anderes Lebewesen aufzubringen heißt auch manchmal loslassen zu müssen.

Sozialverhalten

Das Sozialverhalten von Pferden ist ein natürlicher Instinkt und muss bedingungslos in der Haltung berücksichtigt werden. Sind Pferde in einer Gruppe, müssen sie weniger wachsam sein, als wenn sie alleine sind. Es ist also auch für unsere Hauspferde ganz entscheidend, dass sie Kontakt zu Artgenossen haben, um sich sicher zu fühlen. Auch brauchen sie dringend Platz, um ihre Umwelt erkunden zu können. Bei einem in einer Einzelbox gehaltenen Pferd, das wenig oder gar keinen Kontakt und Auslauf hat, ist die Reizschwelle gegenüber Gefahren stark abgesenkt. D. h., dass es sich als Fluchttier in engen, dunklen Räumen noch unwohler fühlt.

Pferde sind soziale Tiere, die in einer Gemeinschaft leben. Futtersuche, Nahrungsaufnahme, Ruhen, Wachsamkeit, Komfortverhalten usw. finden alle innerhalb der sicheren Gruppe statt.

Kann ein Pferd in Menschenhand sein Bedürfnis nach Sozialkontakt nicht ausreichend erfüllen, so wird es krank bzw. auffällig. Besonders für rangniedere Tiere ist der Sichtkontakt zu den Artgenossen wichtig.

Sie möchten sich aus Sicherheitsgründen ständig über den Aufenthaltsort und die Tätigkeit der ranghöheren Tiere informieren. Mit sozialem Kontakt sind Pferde grundsätzlich ausgeglichener. Bei allen Haltungsformen (auch bei der Boxenhaltung) sollte mindestens für Sicht-, Geruchs- und Hörkontakt zu Artgenossen gesorgt sein.

Dem natürlichen Sozialverhalten des Pferdes kommt die Gruppenhaltung am nächsten.

Aber auch die Einzelhaltung kann durch entsprechende bauliche Maßnahmen den Kontakt der einzelnen Tiere untereinander ermöglichen, z. B. durch Halbtüren, durchsichtige Trennwände oder Einzelpaddocks, die direkt nebeneinander gebaut sind. Einem Pferd den Kontakt zu seinen Artgenossen vorzuenthalten, ist **tierschutzwidrig**. Auch andere Tierarten (z. B. Schafe oder Ziegen) können den Kontakt zu einem anderen Pferd nicht ersetzen. Die Gesellschaft von Menschen ist selbstverständlich auch nicht ausreichend.

Für die Zusammenstellung einer Herde sind die Beziehungen zwischen den Pferden dringend zu beachten. Bei der **Integration** von **Neuzugängen** in eine bestehende Gemeinschaft sind die neuen Tiere langsam in die Gruppe einzufügen, indem sie zunächst nur durch eine Abtrennung an die Herde herankommen. So können sich alle miteinander vertraut machen. Meist dauert diese Gewöhnung nur 1-2 Tage, kann sich aber auch bis zu 3 Wochen hinziehen. Die Pferde müssen also beobachtet und richtig eingeschätzt werden. Hierfür sind **Kenntnisse** über die **Kommunikation** von Pferden untereinander erforderlich. Wenn sich ein Pferd über einen längeren Zeitraum nicht in eine bestehende Herde integrieren lässt (es gibt zu viele Konflikte und Verletzungen), dann sollte es herausgenommen werden.

Wichtig ist, dass besonders rangniedere Tiere die **Möglichkeiten** zum **Ausweichen** haben. Dazu können im Unterstand entsprechende Öffnungen eingebaut werden. Besonders bei der Fütterung gibt es häufig Probleme. Können die Tiere sich nicht zurückziehen, ist die Verletzungsgefahr sehr hoch. Zudem sollte die Möglichkeit gegeben sein, bei Bedarf (z. B. bei Krankheit und Konflikten) einzelne Tiere oder eine kleinere Gruppe zu separieren.
Unabhängig von der Haltungsform gilt:

Die Beziehung unter den Pferden, ihre Vorlieben und Abneigungen müssen berücksichtigt werden.

Im besten Fall stehen nur untereinander verträgliche Pferde zusammen. Auch bei nebeneinanderliegenden Boxen sollte darauf geachtet werden, dass sich die benachbarten Vierbeiner verstehen. Ansonsten ist der Stress zu groß für die Pferde. Ausgiebiger Körperkontakt zwischen zwei befreundeten Boxennachbarn kann dadurch ermöglich werden, dass die Trennwände nur bis zur Brusthöhe reichen. Auf diese Weise können sie Sozialpflege betreiben und fühlen sich wohler.

Pferden muss im Rahmen ihres Sozialverhaltens die Möglichkeit zum **Komfortverhalten** gegeben werden. Durch unterschiedliche Verhaltensweisen betreiben Pferde nämlich Körperpflege, die ein Grundbedürfnis darstellt. Übt ein Pferd keine oder geringe Körperpflege aus, kann dies ein erstes Anzeichen für eine Erkrankung sein. Auf jeden Fall fühlt es sich nicht wohl. Beim Komfortverhalten wird unterschieden zwischen
1) der eigenen Körperpflege (**Autogrooming**) und
2) der gegenseitigen Körperpflege (**Allogrooming**).

Die gegenseitige Körperpflege ist sehr wichtig für die Bindungspflege innerhalb einer Herde und stellt in keiner Weise ein Problemverhalten dar. Vielmehr entstehen Verhaltensauffälligkeiten dann, wenn Pferde daran gehindert werden, weil der Mensch es zwanghaft unterbindet. Neben dem sozialen Aspekt betreiben Pferde auch Allogrooming, um Körperstellen bei einem Artgenossen zu beknabbern, an die dieser nicht herankommt (z. B., wenn es juckt). Zur Körperpflege gehören folgende Verhaltensweisen:

Belecken: Es dient hauptsächlich der Beseitigung von Flüssigkeiten auf der Haut.

Beknabbern: Mit ihren Schneidezähnen reiben Pferde bei Irritationen an der Haut entlang und zupfen diese leicht hoch.

Beknabbern ist wichtig für das Wohlbefinden des Pferdes.

Reiben und Scheuern: Bei großflächigeren Hautirritationen reiben Pferde Körperteile an Gegenständen (z. B. an Bäumen). Besonders das Scheuern ist häufig mit wohligen Lautäußerungen, wie beispielsweise Grunzen begleitet.

Kratzen: Pferde sind in der Lage sich mit den Hinterhufen am Kopf (z. B. an den Ohren) zu kratzen. Ältere Pferde zeigen dieses akrobatische Verhalten allerdings weniger als Jungpferde.

Hautzucken und Schweifschlagen: Beides dient in erster Linie der Abwehr von Insekten. (Beim Reiten kann das Schweifschlagen auf Unwohlsein hinweisen).

Schütteln: Im Anschluss ans Wälzen oder nach Wasserkontakt schütteln sich Pferde ausgiebig.

Das Schütteln verläuft durch den gesamten Körper und geht von vorne nach hinten durch. Auch werden Insekten auf diese Weise vertrieben.

Recken und Strecken: Beides dient der Entspannung und der Dehnung von Muskeln und Sehnen. Meistens erfolgt dieser Vorgang in einer bestimmten Abfolge:

- Ausstrecken der Vorderbeine nach vorne,
- Ausstrecken der Hinterbeine nach hinten,
- Langmachen der Wirbelsäule,

- Ausstrecken des Kopfes und des Halses nach oben und nach vorne,
- Aufbeugen der Wirbelsäule,
- Zusammenziehen des Rumpfes,
- Gähnen.

Wälzen: Wälzen scheint ein wesentliches Bedürfnis zu sein, das Pferde unbedingt ausleben müssen, wobei dies unabhängig von ihrem Pflegezustand ist.

Die meisten Pferde wälzen sich einmal täglich und genießen das sehr.

Der Wälzablauf gleicht – ähnlich wie beim Strecken – einem Ritual:

- Erst einmal sucht sich das Pferd einen geeigneten Platz.
- Dann wird der Boden untersucht und berochen.
- Jetzt wird mehrfach um die ausgesuchte Stelle herumgelaufen, wobei das Pferd mit den Hufen scharrt.

- Ist alles ausreichend erkundet, legt das Pferd sich hin. Dazu versammelt es seine Beine unter einem Punkt an seinem Körper und knickt seine Gelenke ein. Der Rumpf kommt zu Boden.
- Über eine Schulter rollt das Pferd sich zur anderen Schulter ab. Kurz liegt es in Brust-Bauch-Lage.
- Die Rückenseite von Hals und Rumpf wird am Boden gescheuert und gerieben. Die Wirbelsäule bewegt sich dabei seitlich hin und her. Meistens strampeln auch die Beine in der Luft.

Sich über den Rücken wälzen können nicht alle Pferde. Mit fortgeschrittenem Alter wird es schwieriger. Das seitliche Wälzen scheint hingegen angeboren zu sein, während das Rückenwälzen vermutlich gelernt werden muss. Als Untergrund fürs Wälzen bevorzugen Pferde einen trockenen und sandigen Boden. Wälzen ist Fell- und Körperpflege, die Pferde selbstständig betreiben. Sie brauchen den Menschen dazu nicht. Allerdings ist bei der Pferdehaltung auch eine Fellpflege vonseiten des Menschen gefordert. Denn dieser kann sich daran beteiligen, indem er sein Pferd regelmäßig putzt. Viele Pferde genießen das sehr. Auch wird so die Bindung zwischen Halter und seinem Vierbeiner gestärkt. Besonders für Boxenpferde stellt das Geputztwerden oft eine willkommene Abwechslung und zudem Sozialkontakt dar.

Nahrungsaufnahme

Im Laufe der Domestikation hat die Ernährung des Pferdes eine entscheidende Veränderung erfahren. Verdauungsapparat und Ernährungsverhalten sind hingegen unverändert geblieben. Pferde nehmen in der freien Wildbahn beständig kleinere Futtermengen ein. Dabei bewegen sie sich langsam fort und legen indessen kurze Ruhepausen ein. Das natürliche Futter von Pferden sollte sich durch folgende Merkmale auszeichnen:

- große Auswahl,
- hoher Rohfasergehalt,
- starke Kautätigkeit erfordern.

Die Ernährung des Pferdes muss auch in menschlicher Obhut **verhaltensgerecht** und **bedarfsdeckend** sein und sollte dem natürlichen Nahrungsaufnahmeverhalten entsprechen, damit der Vierbeiner gesund bleibt.

Lange und ausgiebige Fresszeiten sollten den Vierbeinern ermöglicht werden. So bleiben sie gelassen und glücklich.

Die Kraftfutterration sollte zugunsten des Raufutteranteils reduziert werden.

Das Kraftfutter sollte auf **mehrere kleine Portionen** aufgeteilt werden. Da dies mit viel Arbeit und Zeitaufwand verbunden ist, empfiehlt sich mitunter die Anschaffung eines Automaten, der das Kraftfutter in dosierten Mengen vergibt. Auf diese Weise bekommen

die Tiere ihren täglichen Kraftfutterbedarf in vielen kleinen Dosen unter Berücksichtigung der artgerechten Tagesrhythmen. Auch kann die Gesamtfresszeit so verlängert werden. Sehr vorteilhaft ist zudem, dass der mit der Fütterung verbundenen **Aufregung** und **Erwartungshaltung** entgegengewirkt wird. Die Tiere können also viel entspannter fressen.
Um die Aufnahme des Raufutters zu verlängern, kann eine Heuraufe gewählt werden, dessen Konstruktion es vorsieht, dass die Pferde die Halme einzeln oder in kleineren Mengen durch die Gitter herauszupfen. Die Fresszeit lässt sich so bei gleichbleibender Heumenge um knapp 50% verlängern.
Die Erhöhung des Raufutteranteils zulasten des Kraftfutters hat einen weiteren entscheidenden Vorteil bezüglich der Entwicklung von Verhaltensstörungen: Das Pferd nimmt eine höhere Konzentration der essenziellen Aminosäure **Tryptophan** zu sich. Tryptophan ist die Ausgangssubstanz für die Synthese des Neurotransmitters **Serotonin**. Ein Serotoninmangel wird als eine denkbare Ursache für Verhaltensstörungen, Aggressivität und Hypernervosität verantwortlich gemacht.

Bei der Fütterung von Pferden ist sowohl eine Mangelernährung als auch eine Überfütterung zu vermeiden. Die Ernährung muss den **Energie- und Nährstoffbedarf** (Vitamine, Mineralien, Ballaststoffe usw.) decken, wobei die Nahrungsaufnahme auf der Weide dem natürlichen Fressverhalten des Pferdes am nächsten kommt. Leider ist das Nahrungsangebot auf der Weide meistens nicht ausreichend. In vielen Reitställen werden aus **Kostengründen** zu viele Pferde in Relation zur Weidefläche gehalten. Auch kommen die Pferde nicht selten nur im Frühjahr und Sommer auf die Koppel. Rau- und Kraftfutter müssen dann zugefüttert werden.

Insbesondere bei der Stall- oder Boxenhaltung wirkt sich das dauernde Angebot von Raufutter (Heu/Stroh) sehr positiv auf die Gesunderhaltung des Pferdes aus. Es wird mit **genügend Rohfasern** versorgt und kann sich ausgiebig mit der Nahrungsaufnahme beschäftigen. Verhaltensstörungen und Langeweile kann so vorgebeugt werden. Reichlich Rohfutter sorgt ferner dafür, dass die Pferde genügend kauen. Viel Kauen wirkt sich auf folgende Faktoren positiv aus:

Um eine **natürliche Fresshaltung** zu gewährleisten (tief gehaltener Kopf und die Möglichkeit ein Bein weiter vorzustellen), sollte der Futtertrog in etwa auf Widerristhöhe angebracht sein. Heu können Pferde in der Box dann vom Boden fressen, wenn genügend auf die Hygiene geachtet wird (z. B. Entfernen von Futterresten, Kot, Urin etc.).

Heuraufen sollten im Außenbereich unbedingt tief angebracht sein. Hoch angebrachte Raufen sind tierschutzwidrig, da sie folgende Symptomatik beim Pferd hervorrufen können:

- Rückenprobleme (wegen unnatürlicher Fresshaltung),
- Augenentzündungen (wegen herabfallender Staubpartikel),
- Reizhusten,
- reduzierter Speichelfluss.

Pferde sind zwar fähig, sich den verschiedenartigen Futtermitteln anzupassen, aber eine etwaige Umstellung sollte immer besonnen und langsam vorgenommen werden.

Da es dem natürlichen Fressverhalten des Pferdes entspricht, ist eine gemeinsame Fütterung von Pferden empfehlenswert. Dennoch stellt Futter eine (mitunter knappe) Ressource dar. Von daher sollte darauf geachtet werden, dass auch rangniedere Pferde ungehindert fressen können. Hierfür sollten die Rangverhältnisse unter den Pferden in der Herde Berücksichtigung finden.

Ist die Hierarchie noch ungeklärt, können besonders bei der Fütterung Konflikte und Auseinandersetzungen zwischen den Pferden entstehen.

Frisches Wasser sollte Pferden jederzeit zur Verfügung stehen. Damit ein Pferd sein Kraftfutter nicht im Trinkwasser einweichen kann, sollte die Tränke entsprechend weit von der Futterkrippe entfernt sein. Pferde müssen ihr Futter ausreichend kauen und einspeicheln. Einweichen vermindert die Kautätigkeit und kann Krankheiten verursachen (z. B. Koliken). Auch in der Gruppenhaltung ist ein ausreichender Abstand zwischen Tränke und Futterplatz dringend zu empfehlen, damit unbeschränktes Trinken außerhalb der Schlagreichweite fressender Tiere gewährleistet ist.

Gemessen an ihrem Körpergewicht und ihrem Arbeitseinsatz brauchen Pferde täglich zwischen 30 und 60 Liter Wasser.

Energie- und Nutzungsbedarf

Da Pferde Individuen sind, brauchen einige Artvertreter mehr Futter als andere. Generell kann nicht festgelegt werden, welche Rasse wie gefüttert werden sollte, denn es kommt auf das Individuum Pferd und die Umstände (z. B. Bewegung) an. Dennoch lassen sich einzelne Unterschiede feststellen: So wird Ponys und Kleinpferden Robustheit bzw. Härte nachgesagt, denn sie sind leichtfuttrig und kommen daher auch mit wenig Energiezufuhr zurecht. Dies ist erblich bedingt, da sich Ponys häufig unter sehr harten Umweltbedingungen entwickeln mussten. Je nach Herkunft unterscheiden sie sich in ihrem Futterbedarf. So verfügen beispielsweise Isländer über ein besonders dichtes Haarkleid und sattes Unterhautfettgewebe, sodass ihnen auch stürmisches und kaltes Wetter nichts anhaben kann. Züchterisch sind sie an „widrige" Futterverhältnisse angepasst und kommen mit mageren Weiden aus. Dabei sind sie dennoch imstande große Arbeitsleistung zu vollbringen.

Neben der Genetik sollte aber besonders die Nutzung eines Pferdes über die Energiezufuhr und die Fütterung bestimmen. Je nach Beanspruchung eines Pferdes schwanken die Futtermengen, die ein Pferd bekommen sollte natürlich erheblich. Es dürfte auf der Hand liegen, dass ein Rentnerpferd weniger Energiebedarf hat als ein junges Sportpferd. Der Bewegungsbedarf des Pferdes spielt also in vielerlei Hinsicht eine große Rolle.

Bewegung

Pferde bewegen sich unter natürlichen Bedingungen bis zu **16 Stunden** am Tag. Dies vollzieht sich während des Grasens überwiegend im Schritt. Ausgiebige Bewegung ist also auch unseren domestizierten Pferden unbedingt zu ermöglichen.

Freizeitpferde werden in deutschen Reitställen höchstens 40 Minuten am Tag bewegt, während Sportpferde bis zu 2 Stunden am Tag gearbeitet werden. Beide Varianten decken den Bewegungsbedarf des Pferdes nicht. Zur eigentlichen Nutzung des Pferdes muss zwingend täglicher, ausgiebiger Koppelgang angeboten werden. Auch das „Abliefern" in einer Führanlage kann nur als Notlösung dienen. Sicherlich bekommen die Pferde hier Bewegung, aber sie laufen wie

Hamster in einem kleinen Kreis. Diese Form der Fortbewegung entspricht nicht ihrem natürlichen Lokomotionsverhalten.

Freie Bewegung ist für die psychische und physische Gesunderhaltung des Pferdes wichtig – und zwar von Beginn an.

Auch bei Pferden, die täglichen Weidegang erhalten, sollte der Halter immer den Anspruch haben, **zusätzliche Bewegungsanreize** zu schaffen. Zu diesem Zweck können beispielsweise Futter- und Tränkestellen möglichst weit voneinander entfernt angebracht sein. Auch können die Wege, die die Pferde zu diesen zurücklegen müssen, durch Strukturierung der Ausläufe künstlich verlängert werden. Im besten Fall wird den Vierbeinern eine weitläufige, nicht zu üppig bewachsene Weidefläche angeboten. Diese entspricht den natürlichen Bedingungen, weil die Pferde sich im Rahmen der Nahrungsaufnahme stundenlang im Schritt fortbewegen.

Zum Vergleich: Die täglich zurückgelegte Laufstrecke bei naturnaher Haltung liegt bei 6-17 km. Bei 24-Stunden Weidehaltung legen die Pferde im Durchschnitt 8-9 km zurück, während es bei einer reinen Tagesweide nur 3-4 km sind. Eine Einzelboxhaltung ohne Koppelgang ermöglicht einem Pferd durchschnittlich nur 170 m Fortbewegung am Tag.

Leider werden Pferde häufig in menschlicher Obhut an ihrem ursprünglichen Bewegungsbedarf gehindert. Nicht wenige „Stall- und Boxenpferde" verbringen bis zu 23 Stunden des Tages in einer kleinen Einzelbox und werden selten bewegt. Wenn sie doch mal geritten werden, dann nicht selten viel zu intensiv und überwiegend im Trab und im Galopp. Diese unzureichende und falsche Bewegung führt in der Folge zu schweren Schäden (z. B. am Bewegungsapparat).
Mangelnde Bewegung verändert nicht nur den Körper des Pferdes, sondern das ständige Stehen in der Box verhindert auch die Selbstreinigungsmechanismen der Atemwege. Zudem wird der gesamte Stoffwechsel beeinträchtigt, was zu weiteren teilweise schwerwiegenden Erkrankungen führt. Auch ist unzureichende Bewegung häufig mit Langeweile und Beschäftigungsmangel verbunden. Diese Pferde werden schnell „auffällig" und zeigen vermehrt Verhaltensprobleme.

Fallbeispiel:
Ein viel beschäftigter Pferdebesitzer kontaktierte mich und bat mich dringend um Hilfe. Sein Warmblutwallach lief seit Kurzem „komisch" beim Reiten. „Sobald ich nur mit dem Sattel in Sichtweite erscheine, flippt er aus. Er wehrt sich auch gegen das Gurten. Wenn ich dann mein Ding weiter durchziehe, weil ich ja nicht ewig Zeit habe, dann beißt er mich sogar. Unterm Sattel läuft er dann viel zu schnell. So als wolle er vor etwas weglaufen."
Der Besitzer wirkte trotz seines abgeklärten Auftretens verzweifelt. Der Wallach war seit 5 Jahren in seinem Besitz und sollte ihm als „Ausgleich zum stressigen Job" dienen. Ein schlagendes, buckelndes

und beißendes Pferd erfüllte diesen gehobenen Anspruch selbstverständlich nicht. Völlig unreflektiert und überzeugt von seinen eigenen Kenntnissen führte er mir gegenüber die vermeintlichen Gründe für das unerwünschte Verhalten seines Vierbeiners aus: „Da ich wirklich beruflich sehr stark eingebunden bin und nicht täglich hier sein kann, habe vor 2 Monaten eine Reitbeteiligung engagiert. Ich bin sicher sie baut Mist, wenn ich nicht da bin. Immerhin gehört ihr das Tier nicht und es ist ja allgemein bekannt, dass mit den Besitztümern anderer Leute auch nachlässiger umgegangen wird. Ich denke sie reitet ihn falsch, putzt ihn grob und gurtet zu fest. Ich habe ihr gesagt, dass sie nicht mehr wiederkommen braucht."

Problemanalyse:

Zunächst erkundigte ich mich bei dem Besitzer nach dem genauen Tagesablauf des Pferdes. Ich erfuhr, dass er seinen Wallach den größten Teil des Tages in der Box stehen ließ, um Verletzungen zu vermeiden. Kein Wunder also, dass er unter dem Reiter „weglief". Damit sein Pferd aber „ausreichend Bewegung" bekam, ritt er es häufiger im Trab und im Galopp. Durch mangelnde und gleichzeitig falsche Bewegungsabläufe hatte der Wallach Schmerzen im Rücken. Aus diesem Grund „störte" und schmerzte ihn der Sattel. Darum wehrte er sich, wenn er diesen sah. Körper und Bewegungsapparat des Pferdes hatten sich verändert. Entsprechend passte der Sattel nicht mehr. Ich setze folgende Veränderungen im Leben des Pferdes durch:

- *Er sollte täglichen Weidegang bekommen, damit er sich auch frei bewegen kann.*
- *Auf der Weide sollte er in eine harmonische und passende Herde integriert werden, damit er psychisch gesund und ausgeglichen bleibt.*
- *Ein Sattler sollte kommen, um den Sattel anzupassen.*

- *Der Tierarzt sollte den Gesundheitszustand des Pferdes überprüfen (solange wurde es nicht geritten).*
- *Mehr Schrittarbeit und Gymnastizierung des Pferdes beim Reiten.*

Ich versicherte dem Halter, dass ich weiter mit ihm und seinem Wallach arbeite, wenn diese Punkte konsequent umgesetzt werden. Meine deutlichen Ansagen und Erklärungen zeigte Wirkung und wir konnten gemeinsam die Reitbeteiligung davon überzeugen, dass sie zwei Mal wöchentlich wiederkam.

Ein „Erziehungsprogramm", ohne die Haltungsbedingungen zu hinterfragen, hätte in diesem speziellen Fall wenig Nutzen gehabt. Das schließt natürlich ein anschließendes Verhaltenstraining (z. B. wegen dem Sattelzwang) nicht aus, aber bei fehlerhaften Haltungsbedingungen müssen erst diese verbessert werden. Sind die Lebensbedingungen eines Pferdes optimiert, dann kann mit der eigentlichen Therapie begonnen werden. Konditionierungsprozesse und Habituationsvorgänge (Gewöhnung) sollten in den meisten Fällen das erste Mittel der Wahl sein.

Konditionierungsmaßnahmen

Erlerntes und **aufmerksamkeitsforderndes Verhalten** des Pferdes sowie Ängste und Aggressionen können durch Konditionierungs- und auch Gewöhnungsprozesse verändert werden. Dem Pferd (und auch dessen Umgebung) wird durch diese Trainingsmethoden ein entspannteres Leben ermöglicht.

Die Arbeit mit sog. **Verstärkern** ist hierfür erforderlich. Ein Verstärker wird mit dem Ziel eingesetzt, dass ein erwünschtes Verhalten beim Pferd zunehmend auftritt – also „verstärkt“ wird. Pferde sind zu jedem Zeitpunkt gewillt ihren aktuellen Zustand zu optimieren. D. h., dass sie immerzu das Ziel verfolgen ihre Lebensumstände zu verbessern. Aus diesem Grund funktioniert der Einsatz von Verstärkung unter Berücksichtigung einiger Grundregeln hervorragend. Als Verstärker eignen sich grundsätzlich:

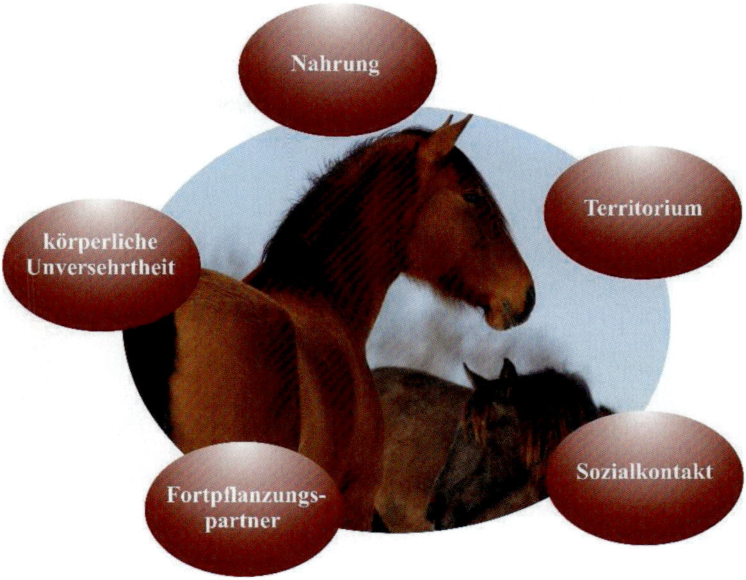

Im Vergleich zu der Arbeit mit Hunden, ist die **Vergabe von Futter aus der Hand** bei Pferden strittig.

Besonders bei auffälligen Pferden ist stark davon **abzuraten**, denn es kann schnell zu weiteren Problemen und Missverständnissen kommen. Wir sollten aus Sicherheitsgründen stets vermeiden, dass das Pferd mit dem Körper des Menschen Futter verbindet. Die Gefahr, dass das Pferd den Respekt vor dem Individualabstand des Menschen verliert ist sehr groß. Den Kampf gegen 600 aggressive Kilogramm, die unbedingt Futter wollen, verliert der Mensch ganz sicher. Warum also das Risiko eingehen? (Nicht selten füttern Menschen Pferde auch gerne aus der Hand, weil sie ein unbewusstes Bedürfnis nach Nähe verspüren.) Sicherlich gibt es Trainer, die erfolgreich mit Futter aus der Hand arbeiten, dennoch entspricht diese Vorgehensweise nicht der Natur des Pferdes. Pferde sind Pflanzenfresser und jagen keine Beute.

Futter ist für das Pferd im Vergleich zum Hund (oder zum Menschen) keine „Trophäe" – Lob dagegen schon.

Extrabissen bitte in die Krippe legen
und nicht aus der Hand füttern.

Fallbeispiel:

Nach eigener Aussage hatte einer meiner Klienten „die beste Stute der Welt". „Sie ist unglaublich lieb und menschenbezogen. Sie liebt es zu Schmusen und freut sich immer, mich zu sehen." Da sich die 3-Jährige immer schon wissbegierig zeigte, und darüber hinaus im Umgang etwas anspruchsvoll und fordernd war, dachte sich der Besitzer etwas Neues aus, das sie beschäftigen sollte. In einem Pferdemagazin las er, dass mit besonders intelligenten Pferden Zirkuslektionen gemacht werden können. Diese sollen für Abwechslung und Bewegung sorgen und neue Lernreize schaffen. „Also habe ich einen Wochenendkurs belegt und gelernt, wie ich richtig mit Verstärkern arbeite und korrekt belohne. Das klappte auch super, aber neuerdings zwickt sie mich ins Bein oder in den Arm. Das hat sie früher nie gemacht."

Problemanalyse:

Die Stute hatte zwar viele kleine Kunststücke gelernt und die Ansprache tat ihr gut, dennoch belohnte der Besitzer vorwiegend mit Leckerlis. Dadurch verband die Stute seinen Körper mit Futter und begann zu betteln und zu zwicken. Wir haben die Leckerbissen durch viel stimmliches Lob, Kraulen und korrektes Timing ausgetauscht. Sobald sich die Stute ihm mit dem Maul näherte, ging er konsequent weg und ignorierte ihren fehlenden Respekt vor seinem Individualabstand. Beide haben sich zu regelrechten Profis für außergewöhnliche und äußerst anspruchsvolle Lektionen am Boden entwickelt und scheinen große Freude daran zu haben. Die Stute ist beschäftigt und genießt die Aufmerksamkeit. Leckerlis gibt es erst nach dem Training im Futtertrog.

Klassische Konditionierung

Wenn **spezifische Reize** (unbedingte Reize) eine nicht willentlich beeinflussbare, **reflexähnliche Reaktion** auslösen, dann findet dies erst einmal unabhängig von einem Lernprozess statt. Wird aber nun dieser spezifische Reiz mit einem zunächst **neutralen Reiz** (Signalreiz) kombiniert, dann reicht nach und nach dieser aus, um die Reaktion hervorzurufen. D. h., dass durch einen Lernprozess ein konditionierter oder bedingter Reiz eine konditionierte bzw. bedingte Reaktion auslöst. Durch häufige Wiederholung einer Paarung zwischen Signalen kann eine dauerhafte Assoziation hergestellt werden. Ivan Pawlow hat in seinem berühmten Experiment mit speichelnden Hunden das Signal „Futter“ mit dem Signal „Geräusch“ verknüpft, indem zeitgleich zur Futtervergabe ein Glockenton ertönte. Nach mehreren Wiederholungen löste dann alleine das Geräusch bei den Hunden Speichelfluss aus.

Dieser klassische Konditionierungsvorgang spielt bei Pferden insbesondere bei der **Entstehung** von **Angstreaktionen** eine große

Rolle. Beispielsweise kann ein Pferd, das in der Vergangenheit eine schmerzhafte Behandlung durch einen Tierarzt (spezifischer Reiz) erfahren hat, später schon beim bloßen Anblick dieses besagten Tierarztes (unspezifischer Signalreiz) mit Panik und entsprechender Symptomatik (Schweißausbruch, Ausschüttung von Stresshormonen, erhöhte Herz- und Atemfrequenz) reagieren.
Manchmal löst auch nicht nur der konditionierte Reiz eine Angstreaktion aus, sondern das Pferd „überträgt" seine Panik auf ähnliche Reize (**Reizgeneralisierung**). Wird der konditionierte Reiz wiederholt ohne den unkonditionierten Reiz dargeboten, dann kann die konditionierte Reaktion wieder abgeschwächt werden. Das Pferd lernt, dass ihm nichts Schlimmes passiert, wenn der Tierarzt kommt.

Durch Konditionierungsprozesse kann aus Angst auch Entspannung werden. Dieser Lernvorgang erleichtert den Umgang mit dem Vierbeiner und das Pferd hat ein deutlich angenehmeres Leben, wobei es sich in Sicherheit fühlt.

Überdies kann es aber auch zu einer sog. **Spontanerholung** (Abschwächung) kommen, wenn das Pferd über einen längeren Zeitraum nicht mehr mit dem konditionierten Reiz konfrontiert wird.

Operante (instrumentelle) Konditionierung

Pferde lernen auch am Erfolg. D. h., folgt auf eine bestimmte Handlung eine Belohnung, dann steigt die Wahrscheinlichkeit, dass das Pferd genau diese Handlung zukünftig mehrfach zeigt. Im Vergleich zur klassischen Konditionierung sind hier nur Reaktionen betroffen, die dem **Willen des Pferdes** unterliegen.
Als **Belohnung** kann sowohl ein positiv empfundener Reiz (z. B. stimmliches Lob, Kraulen) (**positive Verstärkung**) infrage kommen, als auch das Entfernen eines negativen Reizes (z. B. störender Lärm oder lästige Lichtquellen) (**negative Verstärkung**). Korrektes Timing vorausgesetzt, lassen sich positive Verstärker bei der Ausbildung und Erziehung von Pferden mit großem Erfolg anwenden.

Negativen Verstärkern kommt eine große Bedeutung bei der Entstehung von erlernten Aggressionen zu.

Nicht selten entwickeln Pferde ein Aggressionsproblem, weil sie ungewollt dafür belohnt wurden. Dies geschieht beispielsweise dann, wenn ein Pferd vor bestimmten Personen Angst hat. Kann es diese durch aggressives Verhalten beeindrucken und sich „vom Leib halten“, dann wird es mit dem Verschwinden der Angst belohnt.

Für Lernvorgänge ist die Unterscheidung zwischen kontinuierlicher und diskontinuierlicher Verstärkung wichtig. Bei einer **kontinuierlichen Verstärkung** wird eine erwünschte Reaktion des Pferdes durchgängig belohnt, während eine Belohnung bei einer **diskontinuierlichen Verstärkung** nur unregelmäßig stattfindet. In der ersten Phase einer operanten Konditionierung (Lernphase) sollte ein erwünschtes Verhalten des Pferdes **jedes Mal** positiv verstärkt werden. Erst in einer späteren Phase (Erhaltungsphase) sollte dann nur gelegentlich belohnt werden. Diese Vorgehensweise führt erfahrungsgemäß zu einem dauerhaften Lern- und Konditionierungserfolg.

Aversive Konditionierung und Auslöschung

Wenn auf eine bestimmte Verhaltensweise ein negativer Reiz folgt, dann sinkt die Wahrscheinlichkeit, dass diese Reaktion erneut gezeigt wird (**Aversive Konditionierung**). Z. B. fallen hierunter verschiedene Bestrafungsformen sowie die Verwendung eines Elektrozauns zur Weideinzäunung.

Pferde vermeiden den Kontakt zum Zaun, da auf diesen ein aversiver Reiz folgt.

Wird hingegen einer erlernten Verhaltensweise die Grundlage entzogen, spricht man von einer sog. **Auslöschung**. Gewöhnlich bleiben erlernte Reaktionen nur dann erhalten, wenn sie wenigstens ab und zu durch Verstärkermaßnahmen belohnt werden. Wird über einen längeren Zeitraum systematisch auf jegliche Verstärkermaßnahmen verzichtet, kommt es zu einer Auslöschung des Erlernten.

Auslöschung durch Ignoranz

Dem unerwünschten Verhalten eines Pferdes kann langfristig die Grundlage entzogen werden, wenn **konsequent** jegliche Verstärkung vermieden wird. Beispielsweise sind Scharren und Treten vor die Boxentür **aufmerksamkeitsforderndes Verhalten**. Bestrafung führt in einem solchen Fall zum Gegenteil: Das Pferd empfindet diese ggf. als Belohnung und intensiviert sein unerwünschtes Verhalten zukünftig. Besser ist es, ein solches Verhalten immer zu ignorieren. Dazu zählt auch, dem Pferd **nicht** verbal mitzuteilen, dass man es jetzt gleich ignorieren wird, sondern sich tatsächlich bewusst abzuwenden und einfach wegzugehen. Viele Menschen scheitern an diesem Vorhaben, weil es ihnen an Entschlossenheit fehlt. Auch ist es häufig irreführend, dass das Pferd sein unerwünschtes Verhalten anfänglich verstärken wird, um doch noch irgendwie Aufmerksamkeit zu erzielen. Es schleicht sich schnell der Gedanke ein: „*Bei meinem Pferd funktioniert diese Taktik nicht!*" Das ist nicht korrekt. Vielmehr erfordert Auslöschung etwas Zeit und Geduld. Dies sollten auch alle anderen Menschen, von denen das Pferd umgeben ist, berücksichtigen (Stallpersonal, Reitbeteiligungen usw.). Damit ein Lernerfolg eintritt, müssen alle Beteiligten „an einem Strang ziehen". Sollte das Pferd zwischenzeitlich bestraft werden, so lernt es, dass es nur hartnäckig genug sein muss, um doch noch die gewünschte Aufmerksamkeit zu bekommen.

Fallbeispiel:

Die Besitzer einer Haflingerstute waren nervlich völlig am Ende als sich mich um Unterstützung baten: „Diese Stute bringt uns gemeinschaftlich mit ihrem Verhalten zur Weißglut. Das ganze Familienleben leidet. Wir haben sie vor zwei Jahren für unsere beiden Kinder gekauft. Beide lieben Pferde und wollten unbedingt das Reiten lernen. Außerdem ging es auch darum, dass wir alle ein gemeinsames

Hobby haben, damit wir uns näher kommen und nicht jeder sein eigenes Leben lebt."

Die Arbeit, die nach einem Pferdekauf auf jeden Beteiligten zukommt, wurde natürlich nicht bedacht. Dennoch erschien es mir, als sei die Stute allen „ans Herz gewachsen". Darum sollte sie auch nicht verkauft werden, sondern alle suchten nach Lösungen, damit das „Familienhobby" doch noch realisiert werden konnte.

„Leider verhält sie sich häufig ziemlich laut. Irgendwie macht sie ständig Lärm. Alle anderen im Stall können mit ihren Pferden eine entspannte, ruhige Zeit verbringen, während wir ständig in Aktion sind und gestresster nach Hause fahren als wir hergekommen sind. Sobald sie uns sieht, schlägt sie mit den Hufen lautstark gegen die Boxenwand. Im Grunde macht sie durchgehend Geräusche und ist ein bisschen hysterisch. Das hört erst dann kurz auf, wenn wir sie ablenken, indem wir ihr gut zureden oder ihr etwas zu Fressen geben. Aber lange hält der Frieden nicht an. Fünf Minuten später geht das ganze Spiel von vorne los!"

Problemanalyse:

Die Familie hatte die Anschaffung eines Pferdes vor allem mit Freude und Spaß verbunden, während ihnen die Verantwortung dem Tier gegenüber nicht wirklich klar war. So haben sie sich beispielsweise nicht mit Literatur auseinandergesetzt, um sich einen theoretischen Hintergrund anzueignen. Auch hatte keiner Erfahrung im Umgang mit Pferden. Sicherlich wäre hier zunächst ein qualifizierter Reitunterricht oder eine Reitbeteiligung für die Kinder sinnvoller gewesen. Jetzt war die Stute aber nun mal da und ich erläuterte ihnen die ungünstigen Lernvorgänge, die sie ihr selbstverschuldet beigebracht hatten. Die Stute hatte Folgendes operant konditioniert: Durch das Hufeschlagen bekam sie sofort Futter und Aufmerksamkeit. Darüber hinaus wurde sie an der falschen Stelle für unerwünschtes

Verhalten belohnt. Da sich die ganze Familie einsichtig und gelehrig zeigte, konnten wir gemeinschaftlich neue Lernvorgänge in Gang setzen und andere auslöschen. Dabei arbeitete die Stute sehr gut mit und zeigte sich für klare und deutliche Ansprache äußerst dankbar. Sie war erstaunlich lernwillig und wir konnten schnell mit der Bodenarbeit beginnen, wobei wir zunächst darauf achteten, dass sie den Individualabstand des Menschen lernt zu respektieren. Die wichtigste Lektion für die beteiligten Menschen war „Ignoranz" an der richtigen Stelle. Dies war für alle sehr schwierig, denn als offene und lustige Menschen, war es ihnen völlig fremd (und erschien ihnen auch unhöflich) einfach wegzugehen, wenn ihre Stute mit unerwünschtem Verhalten um Aufmerksamkeit bettelte. Vier Monate nach Trainingsbeginn, konnten wir mit dem Reitunterricht beginnen. Ich glaube, dass sich das „Hobby Pferd" eher zu einem Abenteuer entwickelt hatte. Zwar wurde die ursprüngliche Vorstellung einer „Familiengemeinsamkeit" nicht erfüllt, aber alle hielten zusammen und mussten „Hand in Hand" arbeiten – und sie erlebten Erfolge. Das war auch ein Gewinn und ist auch heute noch für alle eine schöne, erfüllende Aufgabe.

Gegenkonditionierung

Eine Gegenkonditionierung kommt dann zum Einsatz, wenn dem Pferd eine neue, erwünschte Verhaltensweise beigebracht werden soll. Im Prinzip ist das ursprüngliche, unerwünschte Verhalten nicht vereinbar mit der zu lernenden, erwünschten Reaktion. Beispielsweise wird ein aggressives Pferd immer dann belohnt, wenn es sich dem Menschen in ausgeglichener Haltung und friedlicher Absicht nähert. Zu Therapiebeginn werden selbst ganz minimale positive Reaktionen des Pferdes auf den Menschen belohnt (z. B. temporäres Vorstellen der Ohren). Die Ansprüche an das Verhalten des Pferdes werden im Laufe der Therapie gesteigert. Durch die Belohnung, die es bei erwünschtem Verhalten bekommt, wird eine positive Grundstimmung und mehr Freundlichkeit dem Menschen gegenüber erzeugt.

Langsam lernt der Vierbeiner den Menschen nicht mehr mit Angst oder Schmerzen, sondern mit angenehmen Empfindungen zu assoziieren.

Bestrafung

Bestrafung soll ein aktuell ablaufendes Verhalten des Pferdes unterbrechen. Grundsätzlich ist jede Bestrafung als Methode weit weniger wirksam als positive oder negative Verstärkung. Negative Verstärkung hat nichts mit Strafe gemeinsam. Leider wird beides häufig (auch in der Literatur) nicht präzise auseinandergehalten.

Um die allgemeine Unklarheit zu entwirren: Während bei einer negativen Verstärkung ein aversiver (unangenehmer) Reiz entfernt wird (z. B. Lärm), wird bei einer Bestrafung auf ein unerwünschtes Verhalten des Pferdes ein negativer Reiz eingesetzt. Dies kann durch die Hand, die Gerte oder die Stimme des Menschen geschehen.

Jegliche Bestrafung des Pferdes sollte immer **Ultima Ratio** sein. Bestrafung sollte nur dann eingesetzt werden, wenn nichts anderes

hilft und unbedingt erforderlich ist, weil ansonsten Beteiligte zu Schaden kommen könnten.
Bei allen Bestrafungsformen ist entscheidend, dass die Strafe unmittelbar auf das unerwünschte Verhalten folgt. Nur wenn das Pferd die Strafe mit seiner Handlung in Verbindung bringt, kann der erwünschte Effekt erzielt werden, dass das Verhalten zukünftig weniger oder gar nicht mehr gezeigt wird.

Bestrafung muss immer angemessen sein und darf keine Schmerzen oder Schäden hervorrufen.

Unangemessene oder zu späte Strafe ist **tierschutzwidrig**, schadet dem Vertrauensverhältnis und erzeugt Angst, Frustration oder Aggression.
Bei der Behandlung einer sehr stark ausgeprägten **dominanzbedingten Aggression,** bei der aus Sicherheitsgründen die Rangordnung zwischen Mensch und Pferd unbedingt geklärt werden muss, kann **direkte Bestrafung** vorübergehend und sinnvoll eingesetzt Veränderungen erzielen. Eine langfristige Lösung ist sie natürlich nicht. Dabei sollte die Intensität der Strafe immer in einem Verhältnis zu der gezeigten Aggression des Pferdes stehen. Auch sollte der Mensch sicher sein, dass das Pferd **nicht** an einer **angstbedingten Aggression** leidet. In einem solchen Fall verstärkt sich die Aggression gegen den Menschen, wenn mit Bestrafung gearbeitet wird.

Erlernte Hilflosigkeit und Depression

Bestrafung als Mittel zur Gehorsamkeitsbildung ist generell deutlich weniger wirksam als jede Belohnung für erwünschtes Verhalten. Wer aus fehlendem Wissen heraus immerzu bestraft, der löst bei seinem

Pferd ein weitverbreitetes Problem aus: die sog. **Erlernte Hilflosigkeit** (learned helplessness). Leider häufig unerkannt, erleben betroffene Pferde ständige Machtlosigkeit und fühlen sich hilflos.

Erkrankte Pferde leben nur noch in Angst vor negativen Konsequenzen und ihr Vertrauen zum Menschen ist völlig gebrochen.

Diese Pferde erwarten vor allem Negatives von jedem Zweibeiner und habe sich ihrem „Schicksal" innerlich ergeben. Paradoxerweise wirken die betroffenen Vierbeiner auf den ersten Blick „gut erzogen" und werden auch regelmäßig als „Happy Horses" verkauft. Den Unterschied zwischen Gehorsam bzw. „guter Erziehung" und „Erlernter Hilflosigkeit" zu erkennen, ist oft nicht ganz einfach. Dennoch zeigen die Pferde **deutliche Symptome** in ihrer Körpersprache bzw. ihrem Ausdruck und Verhalten:

- Toter Augenausdruck,
- wirken in sich gekehrt,
- reagieren mit Rückzug,
- haben wenig Interesse an der Außenwelt,

- zeigen kaum noch eigene Impulse oder Ideen,
- versuchen sich nicht aus einer unangenehmen Situation zu befreien,
- Fressunlust,
- stumpfes Fell.

Überdies können bei viele Pferd alarmierende Anzeichen festgestellt werden, die auf eine **Depression** schließen lassen. Die Symptome sind denen erkrankter Menschen sehr ähnlich. Etwa 25% untersuchter (Reit-) Pferde wiesen in verschiedenen Studien depressionsartige Gefühlszustände auf. Da die Umwelt- und Lebenssituationen von vielen Pferden mit denen depressiver Menschen vergleichbar sind, verwundern diese Ergebnisse keineswegs. Die Seele scheint bei Säugern auf dauernden Stress, soziale und räumliche Einschränkungen und Leistungsdruck ähnlich zu reagieren. Nämlich mit einem Zustand, der einer **Erstarrung** gleichkommt. Sowohl erkrankte Pferde als auch betroffene Menschen nehmen insgesamt eine **introvertierte Körperhaltung** ein, die besonders durch Teilnahmslosigkeit gekennzeichnet ist. Genick und Rücken der Pferde werden auf ähnlicher Höhe gehalten und der Hals ist gestreckt. Beobachtet beispielsweise ein „gesundes" Pferd seine Umwelt, dann nimmt es das Genick deutlich höher. Eine ruhende Haltung ist besonders dadurch charakterisiert, dass die Augen (teilweise) geschlossen sind, der Hals runder gehalten wird und das Pferd insgesamt entspannter wirkt.

Die verschlossene und in sich zurückgezogene Haltung erkrankter Pferde ist ein Ausdruck ihres psychischen Leidens.

Nach außen hin zeigen sie weniger Reaktionen auf Umweltreize und machen einen apathischen Eindruck, wobei ihr Blick häufig starr wirkt. Auch zeigen sie eine deutlich schwächere Reaktion auf Berührungen bestimmter Körperteile (Widerrist, Flanke oder Brust). Ähnlich wie depressive Menschen, reagieren erkrankte Pferde im Vergleich zu „gesunden" Vierbeinern aber sehr gefühlsbetont in einer Situation, die eine Herausforderung darstellt. Dies ist ein Hinweis darauf, dass diese Pferde deutlich nervöser, angespannter und ängstlicher sind. Emotional sind sie viel weniger belastbar als ihre Artgenossen.

Fallbeispiel:

Ein Reitstallbesitzer vom sog. „alten Schlag" ersuchte meinen Rat. „Ich bin jetzt 70 Jahre alt und arbeite mit Pferden, seitdem ich denken kann. Mein Vater hatte Pferde, mein Großvater hatte Pferde, mein Urgroßvater hatte Pferde. Natürlich gab es immer mal wieder Exemplare, die dümmer waren als andere, aber dieses Pferd hier ist das Seltsamste, das mir je untergekommen ist!" Er präsentierte mir einen 6-jährigen Vollblüter, der auf den ersten Blick völlig normal aussah. Das Pferd folgte seinem Besitzer und stand immer brav neben ihm, wenn es verlangt wurde. Auf sein Kommando hin drehte sich der Wallach zuverlässig und stand auch sofort wieder ruhig, wenn er es sollte. Er funktionierte perfekt. Der Besitzer führte seine Beobachtungen aus: „Dieses Pferd hat ein Vermögen gekostet und bringt nicht genügend Leistung. Es ist zwar nicht aufmüpfig oder starrsinnig, aber es macht nur das Mindeste und lässt sich durch nichts motivieren. Außerdem erscheint es ständig krank. Kommt aber der Tierarzt, dann stellt dieser nur beste Gesundheit fest! Wie kann das sein? Ich bin mit meinem Latein am Ende!"

Problemanalyse:

Durch zu harte Strafen und zu hohe Anforderungen hatte der Wallach eine „Erlernte Hilflosigkeit" entwickelt. Zu frühes und zu hartes Anreiten sowie von Gewalt und Druck geprägte Ausbildungsmethoden erzeugten starke Hilflosigkeitsgefühle und Ohnmacht gegenüber dem Menschen. Er hatte aufgegeben. Leider geht die Geschichte nicht gut aus: Es war mit aufgrund von starker Gegenwehr des Besitzers zu meinem Bedauern nicht möglich, dem Pferd zu helfen. Ich konnte die beteiligten Menschen einfach nicht vom psychischen Leid dieses Pferdes überzeugen. Daher waren auch keine therapeutischen Maßnahmen möglich, die dem Tier adäquate Hilfe hätten leisten können.

„Jeder Reiter und besonders die Trainer sollten nach dem Training dem Pferd auch noch in die Augen schauen können!"
{Franz Bachofner}

Gewöhnungsmaßnahmen

Neue, überfordernde, überraschende oder sich widersprechende Reize lösen bei Pferden Orientierungsreaktionen aus. Diese äußern sich durch erhöhte Aufmerksamkeit, größere Sensibilität, stärkere Muskelanspannung und allgemeine Aufregung. Der Organismus soll dadurch auf alle möglichen Handlungsoptionen vorbereitet werden. Enthalten diese Reize **keine neuen Informationen**, die das Tier erst einordnen und verarbeiten muss, so setzt eine Gewöhnung (Habituation) ein. Das bedeutet, verbindet das Pferd mit diesen Reizen weder sonderlich positive oder negative Erfahrungen, dann lassen auch die Stressreaktionen langsam nach bzw. stellen sich komplett ein.

Gewöhnung ist also die spezifische Erhöhung der Reizschwelle.

Wenn sich ein Reiz für das Pferd nicht als biologisch relevant erweist, gewöhnt es sich an ihn. Die Habituation ist also ein einfacher Lernvorgang, der dem Pferd eine Anpassung ermöglicht, um wichtige Ressourcen zu sparen. Als Fluchttiere zeigen Pferde natürlich schnell die Bereitschaft zu fliehen, aber verbinden sie mit einer Situation keine Gefahr, dann können sie sich selbst an sehr laute und plötzlich auftretende Geräusche und Bewegungen gewöhnen. Ein Pferd, das wirklich bei jedem Reiz immer wieder die Flucht ergreift, würde wichtige Energien verschwenden, die ihm im Notfall nicht zur Verfügung stünden.

Im besten Fall kommt es bei einem Gewöhnungstraining sogar zu einer sehr vorteilhaften Übertragung der gelernten Gelassenheit. Eine solche **Reizgeneralisierung** geschieht dann, wenn ein Pferd sich nach der Gewöhnung an z. B. flatternde, weiße Plastikfolie ebenfalls bei blauen Müllsäcken ruhig und entspannt zeigt. Leider geschieht dies in der Praxis nur sehr selten. Die meisten Exemplare brauchen ein **geduldiges Trainingsvorgehen**, damit sie sich langsam gewöhnen können. Dafür müssen die „Schreckensobjekte“, wie beispielsweise Planen, in Farbe, Form und Material variieren. Auch muss der Vierbeiner die Plane sowohl von der linken als auch von der rechten Seite zu Gesicht bekommen, damit er begreift, dass sie ungefährlich ist.

Fallbeispiel:

Eine neue Reitschülerin berichtet mir, dass Sie vor ein paar Monaten ihr Traumpferd gefunden und gekauft habe. Der Friesenwallach hatte alles, was sie sich je von einem Pferd gewünscht hatte. Dass er bei unterschiedlichen Gegenständen panisch reagierte, hatte man ihr beim Kauf zwar mitgeteilt, sie aber sah zunächst nur seine Schönheit. „Dann mach ich eben eine Konfrontationstherapie und bringe ihm behutsam bei, dass ihm nichts passiert. Wir haben ja Zeit!“

Diesen Vorsatz hatte sie in den vergangenen 3 Monaten auch umgesetzt und der Friese arbeitete brav und zuverlässig mit. Sie stellte schnell fest, dass ihm besonders große Planen schreckliche Angst einjagten. Mit Bedacht konfrontierte sie ihn einmal wöchentlich mit einer schwarzen Plane in der sicheren Reithalle. Aus anfänglicher Angst wurde allmählich Akzeptanz und letztendlich sogar Neugierde. „Meine Freude war wirklich groß! Ich war sicher, dass das Thema durch sei. Aber von wegen: Letzten Samstag beim Ausritt ins Gelände war ein ganzes Feld mit einer weißen Plane zugedeckt und der Herr hat sich furchtbar erschrocken. Daraufhin hat er mich aus dem Sattel geschmissen und ist zwei Kilometer alleine nach Hause gerannt!"

Problemanalyse:
Leider hatte in diesem Fall keine Reizgeneralisierung stattgefunden. Da die Besitzerin durchgehend mit derselben Plane am gleichen Ort übte, hatte der Wallach nur die Angst vor eben dieser Plane verloren. Wir haben das natürlich geändert und der Friese lernte langsam seine Ängste abzubauen und mehr Vertrauen zu gewinnen. Er zeigt sich mittlerweile sehr gelassen und auch das Passieren unterschiedlicher Planen im Gelände ist heute kein Problem mehr.

Gewöhnungsvorgänge sind mitunter recht langwierige Prozesse. Dagegen reicht nicht selten ein einmaliges negatives Erlebnis mit einer Situation oder einem bestimmten Objekt aus, um eine **Dishabituation** auszulösen. Auch muss dringend in unterschiedlich langen Abständen geübt werden. Ansonsten können „verlernte", unerwünschte Verhaltensweisen sehr schnell und genauso stark wieder gezeigt werden. Die Zeitabstände sind hier individuell. Während sich einige habituierte Reaktionen recht schnell erholen, können andere über Monate oder sogar Jahre bestehen bleiben.

Gewöhnungsvorgänge müssen durch Training gefestigt werden, damit das Pferd langfristig gelassen bleibt.

Ein Beispiel für die Erholung einer Habituation ist die panische Angst von Pferde vor Kühen. Liegt ihre Sommerweide angrenzend an einer Weide mit herumspringenden Kühen, so gewöhnen sich die Pferde an den Anblick und tolerieren bzw. ignorieren die Anwesenheit der Kühe irgendwann. Eine Winterpause ohne Kühe reicht aber mitunter aus, dass das „Drama“ im darauffolgenden Sommer wieder von vorne beginnt. Die Pferde zeigen dieselbe Fluchtbereitschaft wie vor einem Jahr, obwohl sie keine negativen Erfahrungen mit Kühen gemacht haben.

Systematische Desensibilisierung

Bei einer systematischen Gewöhnung wird das Pferd **schrittweise** mit einem angstbesetzten Reiz konfrontiert. Dieser Reiz wird anfänglich nur in einer stark abgeschwächten Intensität dargeboten. Erst wenn sich die Reaktion des Pferdes auf den Reiz abschwächt, wird die Reizstärke allmählich gesteigert. Die Intensität des Reizes lässt sich durch unterschiedliche Maßnahmen verändern. Hat ein Pferd beispielsweise Angst vor einem bestimmten Geräusch, so kann dieses zunächst auf Tonband aufgenommen werden. Auf diese Weise kann die Lautstärke variiert werden oder die Entfernung des Geräusches vom Pferd, um es langsam daran zu gewöhnen.

Grundsätzlich gilt für die Anwendung dieses Verfahrens, dass der Reiz, auf den das Pferd unerwünscht reagiert, einwandfrei identifiziert sein muss. Die Reizintensität darf zudem immer nur soweit gesteigert werden, dass sie nur eine sehr abgeschwächte Reaktion auslöst. Es muss unmittelbar eine Reduzierung der Intensität vorgenommen werden, sollte das Pferd eine unerwartet heftige Reaktion zeigen. Unterstützt wird der gesamte Lernprozess durch eine **Gegenkonditionierung**. D. h., dass jedes erwünschte Verhalten (Gelassenheit, Entspannungsanzeichen) sofort belohnt wird durch Kraulen oder stimmliches Lob (positive Verstärkung).

Die anfängliche Angst vor einem sich bewegenden Gegenstand, kann bei korrektem Training große Neugierde erzeugen. Irgendwann wird aus dem „Panikobjekt Ball" ein beliebtes Spielzeug.

Reizüberflutung (flooding)

Im Vergleich zur systematischen Desensibilisierung wird das Pferd bei einer Reizüberflutung nicht allmählich an einen Reiz gewöhnt, sondern diesem **mit voller Intensität ausgesetzt**. Der Vierbeiner wird mit dem angstauslösenden Reiz solange ununterbrochen konfrontiert, bis die Angstreaktion nachlässt. Hat ein Pferd beispielsweise panikartige Angst vor flatternden Fahnen, dann wird es solange am ganzen Körper damit abgerieben, bis es keine Reaktion mehr zeigt.

Wenn schon unbedingt nach dieser Methode gearbeitet werden muss, dann muss auch zwingend darauf geachtet werden, dass die unerwünschte Reaktion des Pferdes auch wirklich verschwunden ist. Wird der Vorgang vorzeitig abgebrochen, dann hat das Pferd gelernt, dass Fahnen gefährlich sind und die Angst verstärkt sich.

Eine Reizüberflutungstherapie sollte nicht bedingungslos das erste Mittel der Wahl sein. Vielmehr birgt diese Vorgehensweise einige Risiken: Das unerwünschte Verhalten des Pferdes kann sich durch eine unkontrollierte Panikreaktion **deutlich verschlechtern**, wobei Verletzungen auf beiden Seiten nicht auszuschließen sind.

Die systematische Desensibilisierung kostet zwar mehr Zeit, ist aber einer Reizüberflutung immer vorzuziehen.

Medikamente und Futterzusätze

Der Einsatz bestimmter **Medikamente** kann ggf. eine Verhaltenstherapie unterstützen, aber **keinesfalls ersetzen**. Eine medikamentöse Therapie sollte ausschließlich nach strenger Indikation in Verbindung mit anderen ursächlichen Maßnahmen erfolgen. Zu den für die Verhaltenstherapie relevanten Stoffgruppen zählen folgende **Psychopharmaka**:

- Neuroleptika (bei angstbedingten Verhaltensstörungen),
- Tranquilizer (bei Phobien und angstbedingter Aggressivität),
- Antidepressiva (zur Reduktion von Stereotypien),
- Opiatantagonisten (zur Reduktion von Stereotypien),
- Gestagene (Verminderung geschlechtsspezifischen Verhaltens).

Nicht jedes „Toben" ist auch gleich medikamentös zu behandeln, nur weil es sich der Kontrolle des Menschen entzieht. Es müssen zwingend Unterscheidungen zwischen Verhaltensstörungen und natürlichem Verhalten vorgenommen werden.

Wirkung und Anwendung der einzelnen Medikamente sind dringend mit einem qualifizierten Tierarzt zu besprechen. Auch sollte jede Form der medikamentösen Verhaltenstherapie immer nur in einem **begrenzten Zeitraum** stattfinden. Der Einsatz sedativ wirkender Substanzen, ohne die Gründe für das Auftreten des unerwünschten Verhaltens oder der Verhaltensstörung zu reflektieren, ist aus **ethischen Gründen** nicht vertretbar.

„Eine Behandlung mit schmerzlindernden Mitteln und Turniereinsatz des Pferdes zeigt, dass der Reiter sich der Tatsache verschließt, dass sein Pferd nicht in Ordnung ist."
{Dr. Michael Düe, Tierarzt}

Hormone

Ein weiterer Behandlungsansatz neben Psychopharmaka ist die Vergabe von Hormonen bei Verhaltensstörungen. Zu diesem Zweck kommen synthetisch hergestellte pferdespezifische Pheromone zum Einsatz (**E**quine **A**ppeasing **P**heromone). EAP wird natürlicherweise im Zwischenschenkelspalt von Stuten produziert und dient eigentlich der intraspezifischen Kommunikation. Es wird zu Behandlung von verschiedenen Verhaltensproblemen wie Hypernervosität oder Konzentrationsschwierigkeiten im Rahmen der Ausbildung oder bei einem Turniereinsatz eingesetzt. Auch bei Problemen bei der Trennung von Artgenossen kann EAP verabreicht werden.

Es versteht sich von selbst, dass Hersteller dem Präparat eine „enorm hohe Wirkung bei Angstsymptomen und Fehlverhalten des Pferdes" unterstellen. Zum Beispiel soll das problematische Führen nervöser Pferde in den Hänger deutlich erleichtert werden. Grundsätzlich soll EAP eine stark beruhigende Wirkung auf den Vierbeiner in allen typischen Stresssituationen erreichen. Allerdings konnten zahlreiche Studien keine entsprechenden Ergebnisse nachweisen.

Eine Pheromongabe beschleunigt oder begünstigt **keine** Gewöhnung an Stress.

Wichtiger ist das Vertrauen des Pferdes zu einer menschlichen Bezugsperson in Verbindung mit positiver und negativer Verstärkung.

Egal, wie wir es drehen und wenden, letztlich liegt das Wohlbefinden unseres Pferdes bei Verhaltensstörungen nicht in der Frage nach geeigneten (pharmazeutischen) „Wunderpillen" begründet, sondern in uns selbst und unserer Reflexionsfähigkeit.

„Es ist verblüffend, wie viele Utensilien man nicht braucht, wenn wir uns die Zeit für die Feinarbeit am eigenen Körper und Geist nehmen.“
{Mark Rashid}

Futterzusätze

Bei der Entstehung von Stereotypien, erhöhter Aggressivität und Hypernervosität wird die Beteiligung eines **zentralnervösen Serotoninmangels** vermutet. Die Verabreichung der essenziellen Aminosäure **L-Tryptophan** kann die Serotoninkonzentration erhöhen. Als Ergänzungsfuttermittel im Handel erhältlich, wird es häufig als Kombinationspräparat mit **Magnesium** und **B-Vitaminen** angeboten. Da **Raufutter** ein wertvoller Tryptophan-Lieferant ist, sollten betroffene Pferde unbedingt einen hohen Raufutteranteil erhalten.

Magnesium, als Zusatzfuttermittel, soll ebenfalls zur Beruhigung hypernervöser Pferde beitragen. Allerdings sind die Angaben zur Wirkung von Magnesium bei Pferden in der Literatur nicht ganz eindeutig. Die ungleichen Ergebnisse sind vermutlich auf die unterschiedlichen Dosierungen zurückzuführen. Wahrscheinlich ist die Wirkung von Magnesium zur Stressreduktion dann sinnvoll, wenn tatsächlich ein Magnesiummangel beim Pferd vorliegt. Einen solchen gilt es durch eine tierärztliche Untersuchung abzuklären.

Kastration

Hengste gelten vielfach als kompliziert, aggressiv, angriffslustig und schwierig im Umgang. Häufig eilt ihnen ihr Ruf voraus und sie haben kaum eine Chance artgerecht gehalten zu werden. Dass Hengste auch Pferde sind, wird aus versteckter Angst vor der gewaltigen Kraft der Tiere nicht selten völlig ignoriert. Meist werden sie schon aus „Gründen der Vorsicht“ in Einzelhaft gehalten. Wehren sie sich dann gegen diese Ungerechtigkeit durch auffälliges Verhalten, dann fühlen sich selbsternannte Pferdekenner in ihrer Annahme bestätigt, dass Hengste „verrückt“ sind. Dass sie keine andere Wahl haben, auf sich und ihr Leid aufmerksam zu machen, bleibt unerkannt.

Hengste sind keine „bösartigen“ Artgenossen. Vielmehr brauchen sie eine artgerechte Haltung und einen konsequenten Umgang. Aus diesem Grund gehören Hengste unbedingt in **professionelle Hände**.

Fehler im Umgang können aufgrund der körperlichen Vorteile der Tiere gegenüber dem Menschen gefährlich werden.
Der Hormonspiegel und die Verhaltensweisen eines Hengstes unterscheiden sich von denen eines Wallachs mitunter stark. Die Idee vieler Pferdemenschen, dass ein Hengst auch regelmäßig viele Stuten decken muss, ist ein Fehlurteil. In der Natur „besitzt" nicht jeder Hengst einen Harem. Vielmehr ist laut Studien der **Testosteronspiegel** im Blut eines Hengstes sogar abhängig von seinem **Status**. Haremsbesitzer haben im Durchschnitt einen höheren Testosterongehalt als Junggesellen, wobei der Hormonspiegel eines Hengstes den gleichen saisonalen Schwankungen unterliegt wie der einer Stute.

Um Haltung und Nutzung männlicher Pferde zu erleichtern, kann eine Kastration sinnvoll sein. Auch sind Wallache generell viel unproblematischer in Herden zu integrieren.

Einem Leben voller Sozialkontakte dürfte nach diesem Routineeingriff also nichts mehr im Wege stehen. Zudem zeigen sich die meisten Menschen (auch Stallpersonal und andere Einsteller) deutlich entspannter und gelassener, wenn sie nicht mit einem Hengst, sondern „nur“ mit einem Wallach konfrontiert werden. Die Lebensqualität des Tieres verbessert sich also in beinahe jeglicher Hinsicht.

Von einer Kastration wird sich die Beseitigung typisch männlicher Verhaltensweisen versprochen. Es gilt allerdings zu beachten, dass eben genau diese Verhaltensweisen nur zu einem bestimmten Prozentsatz und je nach Art des Verhaltens mit unterschiedlichen Erfolgsaussichten verändert werden können. So führt die Kastration erwachsener Pferde bei knapp 70% zu einer vollständigen Eliminierung sexueller Verhaltensweisen, wobei auch meistens aggressives Verhalten gegen den Menschen nachlässt. Aggressionen gegen andere Pferde können bei einer Kastration nur zu 40% beseitigt werden. Üblicherweise werden Hengste im Alter zwischen drei Monaten und zwei Jahren kastriert. Tatsächlich belegen Untersuchung, dass spät gelegte Hengste nicht vermehrt durch „hengstiges“ Verhalten auffallen.

Es ist daher vertretbar, dass Hengste erst dann kastriert werden, wenn sie ihre soziale Reife erreicht haben.

Bezüglich der Häufigkeit hengsttypischer Verhaltensweisen ist es also unbedeutend, ob der Hengst vor oder nach der „Pubertät“ kastriert wird. Die seltsame Aussage so mancher Wallachbesitzer: „*Der ist halt spät gelegt worden, darum ist er so schwierig*“, hat demzufolge wenig Bewandtnis. Hier sollten vielmehr die Haltungsbedingungen und vor allem der Umgang mit dem Tier mehr Beachtung finden.

Alternative Heilmethoden

Bei Verhaltensproblemen sollten alternative Behandlungsmethoden, wie Massagen [z. B. Tellington-Touch (TTouch)] oder ganzheitliche (komplementäre) Verfahren, wie Akupunktur, Homöopathie oder Bachblüten nicht ignoriert oder ausgeschlossen werden. Den mangelnden wissenschaftlichen Erkenntnissen über die Wirksamkeit dieser Therapieverfahren stehen sicherlich die positiven Erfahrungen vieler Pferdehalter gegenüber. Alles, was dem Pferd helfen kann, seine „innere Balance“ wieder herzustellen, sollte auch Beachtung finden.

Massagetechniken

In der Fachliteratur für Pferde werden vielfach Massagetechniken beschrieben und empfohlen, die auch in Verbindung mit Verhaltensproblemen eingesetzt werden können. Alle Methoden haben die Gemeinsamkeit, dass sie eine starke Beschäftigung mit dem Pferd erfordern. Viele Elemente der natürlichen Körperpflege der Tiere untereinander werden aufgegriffen. Der Mensch – als „Sozialpartner“ – zeigt sich hier von seiner freundlichen Seite und greift die pferdespezifischen Bedürfnisse nach Sozialkontakt auf. Pferde genießen sichtlich, wenn sie ausgiebig massiert, geputzt und gepflegt werden. Diese Herangehensweise stärkt die Bindung zueinander und festigt das Vertrauensverhältnis zum Menschen. Das Pferd erlebt dabei eine tiefe Entspannung, wobei sich laut Studien sogar die Herzfrequenz deutlich senkt. Untersuchungen weisen darauf hin, dass das Pferd sich während dieser Nachahmung sozialer Körperpflege deutlich beruhigt. Tatsächlich kann dieser Zustand der Entspanntheit sogar dem einer leichten Sedierung sehr ähnlich sein. Hierfür ist aber ein tiefes Vertrauen zueinander Voraussetzung.

Ein inniges und harmonisches Vertrauensverhältnis zwischen Mensch und Pferd erleichtert Umgang, Erziehung und Ausbildung.

Eine von gegenseitigem Respekt geprägte Partnerschaft beugt zudem Verhaltensproblemen vor und ist zudem die Grundvoraussetzung für die Therapie bereits bestehender Probleme. Der Einsatz von Massagetechniken kann also grundsätzlich ein sehr sinnvoller Bestandteil der Prophylaxe und Behandlung von Verhaltensproblemen des Pferdes sein.

Akupunktur

Als ein Teil der traditionellen chinesischen Medizin (TCM) hat sich Akupunktur inzwischen auch in der Veterinärmedizin als medizinische Behandlungsmethode etabliert.
Das Prinzip der Akupunktur basiert auf der Stimulierung körpereigener Regenerationskräfte durch die punktuelle Aktivierung verschiedener Rezeptoren, Nerven und Nervensysteme. Im Zuge der Behandlung sollen natürliche Hormone (z. B. Endorphine) ausgeschüttet werden, die schmerzlindernd und beruhigend wirken.

Ziel der Akupunktur ist, dass die körpereigenen Kräfte und das innere Gleichgewicht wieder hergestellt werden.

Aber was genau können Nadeln, die in das Pferd gestochen werden generell bewirken? Einen entscheidenden Wirkungsmechanismus der Akupunktur scheint die Beeinflussung endogener opioider Systeme darzustellen. Die bisher vorliegenden Forschungsergebnisse zeigen aber, dass nur bei einem sehr kleinen Teil betroffener Pferde, die aufgrund stereotyper Verhaltensstörungen akupunktiert wurden, eine Verbesserung zu erzielen war.

Aus der TCM-Sicht ist Gesundheit mit Harmonie gleichzusetzen. Erst, wenn alle Ebenen im Körper „funktionieren", ist ein Lebewesen gesund. Dies bezieht nicht nur körperliche Aspekte mit ein, sondern ebenfalls psychische Gesichtspunkte.

Auch bei Pferden wird die Akupunktur verschiedener psychogen wirksamer Punkte durchgeführt, sodass eine entspannende Wirkung eintreten kann. Durch die bewusste „Reizung" psychowirksamer Punkte sollen sich speziell Ängste positiv beeinflussen lassen. Die Wirksamkeit dieser Methode bei Stereotypien ist allerdings umstritten und bislang nicht ausreichend untersucht worden. Entsprechend kann die Akupunktur derzeit „nur" als Vorbeugemaßnahme und Entspannungsmethode verstanden werden.

Bachblüten

„Krankheit ist im Wesentlichen das Ergebnis des Konflikts zwischen der Seele und dem Verstand und wird nie ausgerottet werden, außer durch geistige und mentale Bemühung."
{Dr. E. Bach}

Der englische Mediziner Dr. Bach widmete sich in den 1930er Jahren der Kräuterheilkunde. Er vertrat die Ansicht, dass verdünnte Extrakte aus Blüten verschiedener wild wachsender Pflanzen Krankheiten oder „negative Gemütszustände" „positiv transformieren" können.

Da Bachblüten zu 100% natürlich sind, können sie altersunabhängig bedenkenlos verwendet werden. Zudem können sie problemlos gleichzeitig mit einer anderen Medikation oder Behandlung (z. B. Homöopathie) zum Einsatz kommen.

Die Bachblütentherapie kommt mittlerweile auch vermehrt bei „kranken" Pferden zum Einsatz. Sie erfreut sich besonders bei Verhaltensauffälligkeiten als Therapiemethode immer größerer Beliebtheit.

Verhaltensprobleme bei Pferden, die mit Bachblüten behandelt werden können:

Verschiedenste Symptome und seelische Unausgeglichenheiten werden seit einem knappen Jahrhundert mithilfe von Bachblüten behandelt. Dennoch sollten diese **immer in Kombination** mit einem **Verhaltenstraining** (besonders bei Angstproblemen) und positiver Verstärkung erfolgen. Kontrollierte Studien, die die Wirksamkeit der Substanzen einwandfrei nachweisen können, existieren bislang nicht.

Symptomatische Verfahren

Die meisten gebräuchlichen Methoden zur Beseitigung unerwünschten Verhaltens beschränken sich darauf, die Ausführung der entsprechenden Bewegungsmuster zu verhindern. Diese symptomatischen Verfahren bedienen sich also verschiedener **Hilfsmittel**, die das Pferd „**zwingen**" seine Verhaltensstörung einzuschränken bzw. völlig zu unterbinden. So werden beispielsweise webende Pferde so ausgebunden, dass sie am Ausleben der Stereotypie gehindert werden. Kopper werden chirurgischen Operationen unterzogen oder bekommen einen sog. Kopperriemen umgeschnallt, der nach und nach enger gezogen wird. Bei all diesen Maßnahmen wird die **Ursache**, die das Pferd zur Verhaltensstörung veranlasst hat, konsequent **ignoriert**. Es wird nur das Verhalten „bestraft", ohne die Gründe für das Verhalten des Pferdes zu hinterfragen.

Eine reine Symptombekämpfung ist keine Problemlösung.

Leider sind rein symptomatische Vorgehensweisen immer noch weit verbreitet. Sie erscheinen auch auf den ersten Blick einfacher, weil sie verhindern, dass der Halter sich mit seinem eigenen Anteil an der problematischen Situation seines Pferdes auseinandersetzen muss. Auch bringen chirurgische Eingriffe natürlich horrende Einnahmen für Kliniken, die keinen Cent verdienen würden, wenn sie den Halter zunächst einmal zu einer Verbesserung der Haltungsbedingungen raten würden.

Verhaltensstörungen sind ein Ausdruck von Leiden und weisen darauf hin, dass das Pferd überschüssige Energien aufgrund von Haltungsfehlern und ungerechter Behandlung abbauen möchte.

Wird das Tier an der Ausführung „seiner Stereotypie" mechanisch gehindert, so verschlechtert sich sein Zustand nicht selten.

Eine Verhaltensstörung dient dem Pferd vor allem als **Kompensation inadäquater Umweltbedingungen**. Werden diese nicht im Sinne des Tieres verändert, bleibt es seelisch krank.
Symptomatische Verfahren sollten unbedingt eine **Ausnahme** bleiben und sind nur in folgenden Fällen zu befürworten:

- Haltungsoptimierung, ausreichend Sozialkontakt, Verbesserung der Fütterung, Konditionierungsmaßnahmen und kritische Reflexion des Besitzers bezüglich seines Verhaltens dem Tier gegenüber bringen keine Verbesserung.
- Das Pferd schädigt sich selbst gesundheitlich mit seinem Verhalten. Z. B. schwere Bissverletzungen, die Entzündungen und weitere Erkrankungen zur Folge haben. Oder Kopper, die durch ihre Stereotypie am Fressen gehindert werden.
- Jede symptomatische Maßnahme muss von einer Verbesserung der Lebensumstände des Pferdes begleitet werden.

Symptomatische Vorgehensweisen sind zwar für den Halter eine scheinbar „angenehme" Lösung, dürfen aber keine Routinetherapien darstellen.

„Weißt du, dass deine Wünsche nur dann in Erfüllung gehen, wenn du zu Liebe und Verständnis für Menschen, Tiere, Pflanzen und Sternen fähig bist, so dass jede Freude zu deiner Freude, jeder Schmerz zu deinem Schmerz wird?"
{Albert Einstein}

„Ein Königreich für den, der mir sagt,
was das Pferd von uns denkt."
{Walter Fürst}

3. Teil

Umgang mit Stereotypien

„Glück ist für ein Pferd, wenn sein Mensch es versteht.“
{Marie Symbill}

Eine Stereotypie ist ein beinahe **identisch-wiederholendes Verhaltensmuster**. Das Pferd führt sein Verhalten dabei ohne erkennbare Funktion bzw. ohne offensichtlichen Nutzen aus. Nicht selten werden unerwünschte Verhaltensweisen (z. B. natürliches Angstverhalten) mit einer Stereotypie verwechselt. An folgenden Merkmalen ist eine Stereotypie zu erkennen:

1) Ein Verhaltensmuster ist in Form und Zeitablauf nahezu konstant.
2) Das Verhalten wird wiederholend und ritualisiert gezeigt.
3) Ziel und Funktionen des Verhaltens sind nicht erkennbar.

Erst, wenn diese drei Kriterien erfüllt sind, kann von einer Stereotypie ausgegangen werden. Grundsätzlich ist die Kaubewegung eines Pferdes beim Grasen ebenfalls ein Verhaltensmuster, das sich wiederholt und annähernd gleich abläuft. Aber das Kauen erfüllt den Zweck der Nahrungsaufnahme. Entsprechend ist es kein stereotypes Verhalten. Sicherlich ein triviales Beispiel, aber die Definition einer Stereotypie ist häufig nicht ganz einfach. Aus diesem Grund bleiben Erkrankungen auch nicht selten unentdeckt oder werden sogar fälschlicherweise als „nette Marotte“ abgetan.

Eine Stereotypie kann unterschiedliche **Funktionskreise** betreffen, denen die zugrunde liegenden Verhaltensmuster entstammen:

Nahrungsaufnahme	Fortbewegung	Komfortverhalten
Koppen	Weben	Autoaggression
Krippensetzen	Boxen- Zaunlaufen	Headshaking
Barrenwetzen		
Gitterbeißen		
Zungenstrecken		

Es existieren vielen Verhaltensstörungen. Bevor auf einige häufig auftretende Stereotypien ausführlich eingegangen wird, werden dieselben zur Übersicht kurz definiert:

Koppen

Durch sein Maul zieht das Pferd Luft ein und macht hörbare Schluckbewegungen. Häufig werden das Maul bzw. die Schneidezähne auf einem festen Gegenstand (z. B. Balken oder Futterkrippe) (**Aufsetzkoppen**) aufgesetzt. Beim **Freikoppen** entfällt das Aufsetzen. Letzteres kommt seltener vor; beides tritt aber auch in Verbindung miteinander auf.

Automutilation/Autoaggression

Das Pferd zeigt **aggressives Verhalten gegen sich selbst** bzw. den eigenen Körper. Betroffene Pferde beißen sich z. B. in die Brust, in die Flanke oder in die Beine. Häufig werden die Hintergliedmaßen dabei ausgeschlagen. Das sog. **Flankenbeißen** geht häufig einher mit Kreisbewegungen. Das Pferd scheint seiner eigenen Flanke hinterherzujagen.

Headshaking

Das Pferd schlägt mit seinem Kopf **hoch und runter**. Manchmal schüttelt es ihn oder **schwingt** ihn bei leicht gestrecktem Hals kreisförmig.

Weben

Pendelartig bewegt das betroffene Pferd seinen Kopf oder den gesamten Vorderkörper von links nach rechts und wieder zurück. Der Kopf schwingt **rhythmisch**, ca. 30 - 90 mal pro Minute. Manchmal wippen die Pferde auch dabei von einem Vorderbein auf das andere.

Boxen- und Zaunlaufen

Über eine kurze Strecke läuft das Pferd **exzessiv** immer wieder in der Box oder an einem Zaun hin und her.

Barrenwetzen und Gitterbeißen

Das Pferd leckt oder beknabbert dauernd einen Gegenstand (z. B. Holzbarren oder Gitterstäbe). Dieses Verhaltensmuster tritt häufiger bei Pferden mit **mangelhafter Ernährung** auf. Beim **Barrenwetzen** setzt das Pferd seine Schneidezähne auf einen harten Gegenstand auf (z. B. Gitterstäbe) und bewegt den Kopf rhythmisch hin und her. (Dabei koppt es nicht.) Beim Gitterbeißen beißt das Pferd in Gitter oder Stangen der Stallabtrennungen.

Zungenstrecken

Das Pferd streckt die Zunge zeitweilig oder dauernd aus der Mundhöhle heraus oder lässt sie aus dem Maul heraushängen.

Viele Verhaltensstörungen entwickeln sich aus zunächst kleineren Verhaltensproblemen heraus. Die Übergänge sind zudem fließend.

Pferde lernen Stereotypien allerdings **nicht**,
wie lange angenommen, durch Abgucken.

Sind mehrere Pferde in einem Stall betroffen, dann haben alle dasselbe grundlegende Problem, nämlich **erhöhten Stress**. Jedes Pferd hat „sein Problem“ unabhängig von den anderen entwickelt – auch dann, wenn alle Pferde dieselbe Stereotypie zeigen.

Stereotypien dienen dem betroffenen Pferd als sog. **Coping Strategie** (Bewältigungsmöglichkeit für den Umgang mit Problemen bzw. stressreichen Situationen). Die Verhaltensstörung soll also helfen ein bestimmtes Problem zu lösen. Zunächst soll nur ein akuter Stress minimiert werden. Obwohl das Pferd kurz Entspannung erfährt, bleibt das eigentliche Problem natürlich ungelöst. Dadurch wird der Stresszustand **chronisch** (dauerhaft). Da aber die kurzfristige Entspannung für das Pferd eine Belohnung darstellt, verstärkt sich das stereotype Verhalten.

Stereotypes Verhalten hat einen selbstbelohnenden Effekt.

Andersherum sorgen viel gemeinsame Entspannung und ein Lob an der richtigen Stelle für ein enges Vertrauensverhältnis. Es kommt also auf die Bindung zwischen Mensch und Pferd an.

Nachweislich ist die Menge an Stresshormonen im Blut bei Pferden mit Stereotypien im Normalbereich. Wird das Pferd aber am Ausleben „seines Problems“ gehindert, schnellen die Stresshormone stark in die Höhe.

Bei Pferden in freier Wildbahn kommen
keine Stereotypien vor!

Bei wild lebenden Equiden konnten bislang keine stereotypen Bewegungsabläufe beobachtet werden. Es kann also davon ausgegangen werden, dass Stereotypien im Tierreich nur bei domestizierten Tieren und in Gefangenschaft gehaltenen Wildtieren vorkommen.

Die 3 Phasen

Alle Stereotypien werden zu Anfang vom Menschen kaum bemerkt. Erst in einer späteren Phase, wenn das Verhalten sich schon etabliert hat, fällt es auf. Selbst dann, wenn die eigentlichen Auslöser für die Verhaltensstörung bereits beseitigt sind (z. B. schlechte Haltungsbedingungen), bleibt das Verhalten häufig dennoch bestehen.

Drei Stadien können bei der **Entstehung** von Stereotypien unterschieden werden:

Phase 1

Das Pferd zeigt zwar **regelmäßig** aber nur **kurz** das stereotype Verhalten. Auch hört es selbstständig damit auf und ist nicht in seinem Leben (z. B. beim Fressen) beeinträchtigt. Es bedarf eines **äußeren Einflusses**, der das Verhalten auslöst.

Phase 2

Das Verhalten wird **regelmäßig** und **häufig** gezeigt. Auch dann, wenn eine Situation nicht als Stress erlebt wird. Das Pferd stellt seine Stereotypie nur **selten von alleine** wieder ein. Durch einen äußeren Einfluss (z. B. durch den Menschen) kann es aber daran gehindert werden. Das normale Leben ist noch nicht weitreichend betroffen bzw. eingeschränkt. Allerdings ist der **Schlaf-Wach-Rhythmus** bereits gestört.

Phase 3

In diesem Stadium zeigt das Pferd die Stereotypie **beinahe durchgängig** und kann von außen nicht daran gehindert werden. Die **Futteraufnahme** ist deutlich **reduziert** und der **Schlaf-Wach-Rhythmus** ist stark **verändert**.

In den kommenden Abschnitten wollen wir ausführlich darauf eingehen, wie mit einem Pferd korrekt umgegangen wird, das ein stereotypes Verhalten entwickelt hat. Wir gehen dabei nach folgendem Schema vor:

1) **Begriffsdefinition** und **Erscheinungsformen**
2) **Ursachen** und **Auslöser**
3) **Gesundheits-** und **Leistungsbeeinträchtigung**
4) **Diagnose** und **Differenzialdiagnostik**
5) **Therapie** (Haltung, Medikamente, alternative Maßnahmen, symptomatische Maßnahmen)

Koppen

Das Koppen ist die häufigste Verhaltensstörung. Seit Jahrhunderten bekannt, reichen die Ansichten über die Ursachen von Vererbung und Nachahmung bis hin zu Mängel in der Fütterung. Ähnlich vielfältig sind die Therapieansätze beschrieben. In der Literatur finden sich viele Vorschläge für den Umgang mit dieser Verhaltensstörung. Wir werden uns ausführlich in den kommenden Abschnitten mit den verschiedenen Ansätzen und Möglichkeiten auseinandersetzen und die Vor- und Nachteile diskutieren.

Begriffsdefinition und Erscheinungsformen

Ein koppendes Pferd öffnet den Schlundkopf durch **Anspannung** der vorderen **Halsmuskulatur**. Darauf hin **strömt Luft** ein und es

entsteht der **typische Kopperton** (das Geräusch kling wie lautes Glucksen, Schlingen oder Schlucken). Häufig wird das Koppen durch Belecken der ausgesuchten Stelle eingeleitet, die dann zum Aufsetzen genutzt wird. Pferde können auf zwei unterschiedliche Arten koppen:
1) Aufsetzkoppen: Das Pferd setzt beim Koppen die oberen Schneidezähne auf einen Gegenstand auf (z. B. auf einen Holzbalken). Seltener wird ein Gegenstand mit den unteren und oberen Schneidezähnen erfasst.
2) Freikoppen: Das Pferd koppt mit freigehaltenem Kopf.

Ein typischer Koppvorgang lässt sich in **3 Phasen** einteilen:

Phase 1

Das Pferd beleckt eine Stelle und setzt mit den Schneidezähnen auf einen festen Gegenstand auf. Der Freikopper beugt seinen Kopf pendelnd gegen die Brust und lässt ihn dann wieder nach vorne schnellen. Gleichzeitig werden Kehlkopf und Zungengrund durch Anspannung (Kontraktion) der langen Halsmuskulatur gezogen. Der Schlundkopf erweitert sich und es kommt zu einem Unterdruck in dem die Speiseröhre umgebenden Gewebe.

Phase 2

Durch den Unterdruck strömt Luft in den Kehlkopf-Rachen-Raum. Das Koppgeräusch ist deutlich hörbar.

Phase 3

Die Halsmuskulatur erschlafft und die Luft entweicht. Hierbei kann ebenfalls ein Geräusch entstehen.

Die weitverbreitete Auffassung, dass ein koppendes Pferd größere Mengen Luft schluckt, ist **nicht** korrekt.

Neuere Studien konnten aufzeigen, dass es beim Koppen zwar zu einem Einströmen der Luft kommt, aber die eingetretene Luft durch den Rachenraum auch wieder entströmt. Nur sehr kleine Mengen können in Ausnahmefällen in den Magen gelangen.

Entsprechend besteht für Kopper **keine** erhöhte Kolikneigung.

„Hoch im Blut“ stehende Pferde, wie Araber, Vollblüter und Halbblüter sind laut verschiedener Untersuchungen häufiger betroffen als „schwere Schläge“ (z. B. Kaltblüter und Ponys). Auch **Haltungsbedingungen** und **Nutzungsformen** scheinen einen großen Einfluss auf die Entwicklung dieser Verhaltensstörung zu haben. Je weniger **Raufutteraufnahme, Bewegung** und **Sozialkontakt** möglich sind, desto eher entsteht das Koppen.

Nutzung und Reitweise des Pferdes beeinflussen dessen psychischen Gesundheitszustand in einem hohen Ausmaß. Überforderung sollte deshalb unbedingt vermieden werden.

Unter englischen Renn- und Dressurpferden konnten deutlich mehr Kopper ausgemacht werden als unter Pferden, die für Ausdauerprüfungen trainiert werden. Dies lässt sich vermutlich auf die **unterschiedlichen Haltungs-** und **Trainingsbedingungen** zurückführen, denn vielen Sportpferden wird aus Sorge vor Verletzungen der Weidegang und der Sozialkontakt verwehrt. Auch müssen sie unglaublich hohe Leistungsansprüche erfüllen und stehen stark unter Stress.

Überdies liegen **Hinweise auf eine Vererbbarkeit** vor. D. h., dass in bestimmten Hengstlinien verschiedener Vollblüter bis zu 30% Kopper nachgewiesen werden konnten. **Zum Vergleich:** In der untersuchten Gesamtpopulation lag der Anteil bei lediglich 2,4%. Eine genetische Disposition reicht aber nicht aus, damit zwangsläufig eine Verhaltensstörung entwickelt wird. Das Pferd muss zusätzlich auch **stark unter Stress** geraten. Andersherum wird nicht jedes gestresste Pferd zum Kopper.

Ursachen und Auslöser

Für das erstmalige Auftreten des Koppens ist häufig ein **einschneidendes Erlebnis (einmaliges Schockereignis, Trauma)** im Leben des betroffenen Pferdes verantwortlich. Hierzu zählen:

- das (zu frühe oder radikale) Absetzen von der Mutter,
- zu früher und stressiger Trainingsbeginn,
- körperliche oder seelische Überforderung,
- Isolation (auch krankheitsbedingt),
- Bewegungseinschränkung,
- (stressiger) Stallwechsel.

Eine zu frühe Trennung von der Mutter kann ein sog. Initialtrauma auslösen. Das Jungtier erlebt einen Schock und entwickelt in der Folge eine Verhaltensstörung.

Als **aktuelle Auslöser** kommt der **Fütterung** von **Kraftfutter** oder **Leckerlis** (z. B. Äpfel) eine maßgebliche Bedeutung zu. Koppen lässt sich bei fast allen betroffenen Tieren durch die Gabe besonders schmackhafter Futtermittel auslösen. Kopper zeigen ihre Stereotypie selten in Fütterungserwartung, sondern vermehrt **nach** und **während** des Fressens. Viele Kopper nehmen einen Apfel ins Maul, zerkauen diesen und beginnen noch während dem Kauen mit dem Koppen.

Auch Situationen wie **Ausmisten**, **Herausführen anderer Pferde** oder das **Putzen** können Koppvorgänge auslösen. Allerdings lassen sich bei Pferden, die schon einige Jahre koppen, **keine aktuellen Auslöser** mehr feststellen. Diese Pferde verbringen einen sehr großen Teil des Tages unabhängig von äußeren Faktoren und Einflüssen mit der Ausführung ihrer Stereotypie. Nicht selten stehen diese Pferde auch bei sehr guten Haltungsbedingungen koppend auf einer satten Wiese am Weidezaun und beachten ihre Artgenossen kaum.

Gesundheits- und Leistungsbeeinträchtigung

Verschiedene gesundheitliche Probleme können unter Umständen bei Koppern entstehen:

- Abnutzung der Schneidezähne (bei Aufsetzkoppern),
- ungleichmäßiger Abrieb im Backenzahnbereich (durch Veränderung der Kaubewegungen),
- Vergrößerung (Hypertrophie) der unteren Halsmuskulatur,
- schlechte Nahrungsaufnahme (Folge: ggf. Leistungsverminderung, Mangelerscheinungen und Gewichtsverlust).

Grundsätzlich lassen sich aber **nur selten tatsächliche gesundheitliche Beeinträchtigungen** auf das Koppen zurückführen. Untersuchungen haben gezeigt, dass nur 7% aller Kopper unter Gesundheitsschäden litten. Hingegen konnte bei 93% der betroffenen Pferde keinerlei negative Auswirkungen verzeichnet werden.

Koppen geht also **nicht** unbedingt mit einer erhöhten Krankheitsanfälligkeit einher.

Diagnose und Differenzialdiagnostik

Das Koppen lässt sich besonders durch die **charakteristischen Halsmuskelkontraktionen** sehr leicht beobachten und erkennen. Wer unsicher ist, ob ein Pferd tatsächlich koppt, der kann einmalig einen **Leckerbissen** geben, um einen möglichen Koppvorgang zu provozieren. Auch das **Aufsetzen auf einen Gegenstand** in Verbindung mit dem typischen Koppgeräusch kann als Indiz gewertet werden.

Therapie

Für die Behandlung von Koppern gibt es verschiedene Behandlungsansätze. Im Vordergrund steht dabei immer die **Verbesserung der Haltungsbedingungen**:

- Bewegung, viel Weidegang,
- ungestörter Kontakt zu Artgenossen,
- viel Raufutter (Heu und Stroh – vermindert die Opioidausschüttung),
- wenig Kraftfutter (da Kraftfutter zu einer vermehrten Opioidfreisetzung führt),
- Kraftfutter auf viele kleine Portionen verteilen,
- Zusatzfutter mit der essenziellen Aminosäure **Tryptophan** (vom Körper benötigter Bestandteil, um Serotonin zu bilden; wirkt angstreduzierend); ist rezeptfrei und als Futterzusatz erhältlich,
- Fütterung von Leckerbissen (Äpfel und Zucker) einschränken (um keine Koppvorgänge zu provozieren),
- Stress sollte vermieden werden (z. B. Stallgasse muss ruhig sein),
- Vermeidung von Überforderung und Ausbildungsfehlern.

Medikamentöse Maßnahmen

Tierärzte können nach einer ausführlichen Diagnose **Medikamente zur Unterstützung** (Serotonin, Dopamin und körpereigene Opiate) aus dem Humanbereich verordnen. Die genannten Wirkstoffe spielen eine Rolle für das **emotionale Gleichgewicht**, das **Angstempfinden** und die **Stresstoleranz**. Alles Bereiche, die bei einer Stereotypie geschädigt sind. Aber:

Der Einsatz von Pharmaka darf immer nur vorübergehend erfolgen.

Alternative Maßnahmen

Verschiedene Studien zeigen, dass **Akupunkturtechniken** bei koppenden Pferden einen positiven Effekt haben können. Die Wirksamkeit ist zwar umstritten, aber bei ca. 40% der behandelten Pferde konnte eine Verbesserung beobachtet werden. Der Behandlungsversuch im Einzelfall kann also erfolgsversprechend sein. Andere „Naturheilverfahren" (wie beispielsweise Bachblüten) haben schon aufgrund des erlernten Selbstbelohnungseffekts des Koppens vermutlich keinerlei Wirkung.

Entspannte und glückliche Pferde haben keinen Grund für auffälliges Verhalten. Sie genießen ihr Dasein, weil sie ihre Bedürfnisse ausleben dürfen.

Symptomatische Maßnahmen

Es existieren verschiedene Maßnahmen, die zwar die stereotypen Bewegungsabläufe zunächst verhindern, aber das zugrunde liegende Problem nicht lösen. So zum Beispiel der Einsatz eines sog. **Kopperriemens**. Dem Pferd wird um den Hals im Kehlkopfbereich ein Riemen gelegt, der durch Druck auf die untere Halsmuskulatur das

Koppen verhindern soll. Da die Wirkung nach wenigen Tagen/Wochen nachlässt, muss der Riemen enger geschnallt werden. Dies hat natürlich Grenzen, sodass der Kopperriemen nur kurzfristig Hilfe leisten kann. Außerdem „suchen“ sich die Pferde schnell eine andere Stereotypie, die sie zur Stressbewältigung einsetzen können.

Bei Aufsetzkoppern wird auch häufig mit **Maulkörben** gearbeitet, sodass das Aufsetzen mechanisch unterbunden wird. Natürlich ist dadurch auch die Futteraufnahme erschwert bis unmöglich. Die Folge sind noch größere Frustrationen für das Pferd.

Als **chirurgische Vorgehensweise** gegen das Koppen gibt es eine spezielle Operation, bei der die lange Halsmuskulatur teilweise entfernt wird. Bei dieser Maßnahme wird die für das Koppen erforderliche Anspannung der Halsmuskulatur und das Öffnen des Schlundkopfes verhindert. Für die langfristigen Erfolgsaussichten gibt es in der Literatur keine verlässlichen Zahlen. Dieser Eingriff ist sehr radikal und das Pferd wird, da das Stressproblem ungelöst bleibt, eine andere Stereotypie entwickeln.

Zudem wird die Möglichkeit beschrieben das Pferd mit **Elektroschocks** beim Koppen zu bestrafen. Strafe verspricht allerdings nie einen Erfolg. So verhält es sich auch hier. Der Versuch das Aufsetzkoppen durch eine elektrische Manipulation möglicher Aufsetzstellen zu unterbinden, funktioniert nicht. Grundsätzlich ist auch aus tierschutzrelevanten Überlegungen davon abzuraten. Überdies unterlassen die Pferde auch nur solange das Koppen, wie sie dafür bestraft werden. Leider gilt bei Koppern grundsätzlich:

Es ist i. d. R. nicht möglich einem Kopper
das Koppen abzutrainieren.

Koppen ist **nicht erlernt**, sondern eben eine echte Verhaltensstörung, die mit neuronalen Veränderungen einhergeht.

Automutilation/Autoaggression

Begriffsdefinition und Erscheinungsformen

Unter dem Begriff Automutilation werden **aggressive Verhaltensweisen** des Pferdes zusammengefasst, die sich gegen den **eigenen Körper** richten. Die Pferde beißen sich dabei meistens in folgende Körperteile:

- Brust,
- Flanken (Flankenbeißen),
- Beine,
- seitlicher Thorax (Brustkorb).

Häufig wird dieses Verhalten begleitet mit dem **Ausschlagen der Hintergliedmaßen**. Flankenbeißen geht zudem oft mit **Kreisbewegungen** einher. Es sieht aus, als würde das Pferd sich selber jagen.

Manchmal richtet sich diese Aggression auch gegen Menschen, die sich in der Nähe befinden.

Studien konnten aufzeigen, dass Autoaggressionen überwiegend bei Hengsten und Wallachen in Erscheinung treten. Stuten sind nur selten betroffen. Zum Zeitpunkt der Entstehung der Stereotypie sind nur 10% der Pferde Wallache. Häufig ist die Autoaggression aber **vor der Kastration** entstanden. Daher sind Hengste besonders anfällig. Insgesamt „erkranken" ca. 1,9% der Hengste und 0,7% der Wallache. Pferde arabischer Abstammung sind nach neuen Untersuchungen leicht überproportional betroffen. Auch eine **genetische Komponente** konnte nachgewiesen werden. D. h., dass in bestimmten Familien ein gehäuftes Auftreten nachgewiesen werden konnte.

Ursachen und Auslöser

Pferde im Alter **bis zu zwei Jahren** entwickeln diese Verhaltensstörung. (In Ausnahmefällen auch bis zu vier Jahren). Für die Entstehung der Autoaggression sind vermutlich **schlechte Haltungsbedingungen** verantwortlich. Es ist leicht vorstellbar, dass isoliert gehaltene Pferde in großen Stress geraten. Da kein Sozialpartner da ist, wird der Stress gegen den eigenen Körper gerichtet. Besonders Hengste werden häufig ungerecht und unnatürlich gehalten. In aller Regel werden sie spätestens ab **Eintritt der Geschlechtsreife** so gehalten, dass sie nur noch **eingeschränkt** (oder gar keinen) **Kontakt** zu Artgenossen haben.

Der ausgiebige Kontakt zu Artgenossen verhindert die Entstehung autoaggressiven Verhaltens.

Aktuelle Auslöser der Autoaggression sind starke Erregungszustände und hohe Stressbelastung:

- Futtererwartung,
- Interaktion mit anderen Pferden,
- bei Hengsten: das Vorbeiführen von Stuten an Box/Paddock.

Gesundheits- und Leistungsbeeinträchtigung

Die gesundheitlichen Folgen von Autoaggressionen können mitunter sehr **schwerwiegende Hautläsionen** sein. Aus diesen entwickeln sich nicht selten **Infektionen**, die behandelt werden müssen.

Versuchen betroffene Pferde sogar **unter dem Reiter** ihrer Flanke hinterherzujagen, dann ist die reiterliche Nutzung natürlich stark eingeschränkt. Sollte ein Pferd überdies noch zur **Aggression gegen den Menschen** neigen, dann ist die Verletzungsgefahr für den Reiter zu groß. Auch die „Deckeignung“ erkrankter Hengste ist mitunter eingeschränkt.

Eine Therapie betroffener Pferde ist also aus vielen Gründen anzuraten. Zunächst aber ist eine einwandfreie Diagnostik vonnöten.

Diagnose und Differenzialdiagnostik

Eine Diagnose erfolgt durch die Erhebung eines detaillierten Berichts und durch eine genaue Verhaltensbeobachtung. Bei betroffenen Hengsten, die in Verdacht stehen erkrankt zu sein, kann das autoaggressive Verhalten durch das Vorbeiführen einer rossigen Stute bewusst provoziert werden. Dies aber bitte nur zu Diagnosezwecken und in Maßen, um das Tier nicht unnötig zu stressen.
Hauterkrankungen, weitere schmerzhafte bzw. entzündliche Prozesse der angegriffenen Körperstellen und zentralnervöse Erkrankungen müssen zunächst vom Tierarzt ausgeschlossen bzw. behandelt werden.

Therapie

Folgende Veränderungen der **Haltungs- und Lebensbedingungen** des betroffenen Pferdes können zu einem positiven Entwicklungsverlauf der Autoaggression beitragen, bevor andere therapeutische oder sogar mechanische Maßnahmen ergriffen werden:

- Futterumstellung: wenig Kraftfutter und ständiger Zugang zu Raufutter,
- tägliches Bewegungspensum erhöhen: Koppelgang, Bewegung an der Hand, Longe, Führmaschine,
- Sozialkontakt erweitern: Das betroffene Pferd sollte durchgehend Artgenossen um sich haben. Wenn dies nur durch entsprechende Abtrennungen möglich ist, dann sollte es die anderen Pferde aber immer sehen, hören und riechen können.

Innerhalb einer Herde sind Konflikte und manchmal auch aggressives Verhalten zur Klärung von Rangordnungsproblemen normal. Die Pferde machen ihren „Standpunkt" klar und arrangieren sich.

Medikamente, die Automutilationsverhalten unterdrücken, sind nur in sehr schwerwiegenden Einzelfällen zu befürworten. Und zwar nur dann, wenn alle anderen Maßnahmen nicht greifen und das Tier sich selbst gravierend verletzt. Auch hier gilt: Medikamente sind keine Dauerlösung und unterdrücken nur **temporär** das sich selbst verletzende Verhalten. Das eigentliche Problem bleibt weiterhin bestehen.

Bei Hengsten, die nicht zum Decken eingesetzt werden, kann eine **Kastration** in Betracht gezogen werden. Allerdings führt diese nicht zwangsläufig zu einer Veränderung des autoaggressiven Verhaltens.

Eine Kastration führt nicht in jedem Fall zum Erfolg.

Studien konnten aufzeigen, dass bei sieben von zehn Hengsten eine Besserung durch eine Kastration erzielt werden konnte. Völlig symptomfrei waren davon allerdings nur drei Hengste.

Um weitere Verletzungen in schwerwiegenden Fällen abzuwenden, kann zur Überbrückung eine **mechanische Verhinderung** des autoaggressiven Verhaltens vorübergehend sinnvoll sein. In diesem Fall kann eine **Halskrause** umgelegt werden, damit entzündete Wunden abheilen können. Die Entscheidung für einen solchen Halskragen sollte aber abgewogen werden, denn das Tier kann zwar ungehindert Fressen, sich aber nicht mehr völlig frei bewegen. Das Abbeugen des Halses ist verhindert, damit es sich selbst nicht mehr attackieren kann.

Hingegen ist die Verwendung eines **Maulkorbes** in jedem Fall völlig abzulehnen. Eine Futteraufnahme ist nämlich mit diesem nicht mehr möglich und damit nicht mit der geforderten Änderung der Fütterung als wegweisende Therapiemaßnahme vereinbar.

In ihrer Verzweiflung binden vielen Halter ihre autoaggressiven Pferde an einem **kurzen Strick** (in der Box) an, um das Beißen zu verhindern. Dies ist tierschutzwidrig und unter keinen Umständen zu befürworten. Unabhängig davon, dass die Verletzungsgefahr für das Pferd viel zu groß ist, wird es in seinem Bewegungsradius stark eingeschränkt. Mit dieser „Unterdrückungs- oder Erziehungsmaßnahme" verschlechtern sich die Haltungsbedingungen noch weiter. Das autoaggressive Verhalten als einziger Ausweg nimmt aufgrund erhöhter Frustration zu.

Headshaking

Begriffsdefinition und Erscheinungsformen

Der Begriff *Headshaking* umschreibt starke, rhythmische Kopfbewegungen des Pferdes in senkrechter oder waagerechter Richtung. Im Gegensatz zu Bewegungen, die der Insektenabwehr dienen oder in Konfliktsituationen zu beobachten sind, führt das Pferd diese Form des Kopfschüttelns oder -schlagens ohne erkennbaren äußeren Reiz aus. Die entsprechenden Bewegungen des Pferdes können ein solches Ausmaß annehmen, dass die Tiere nicht mehr reitbar sind und der Umgang stark erschwert wird. Manchmal ist die Ausprägung auch derart extrem, dass das Fressen kaum mehr möglich ist.

Viele Pferde schlenkern auch in Futtererwartung mit dem Kopf oder manchmal bei stärkerer Aufregung. Solange sich das Verhalten auf einige, wenige Situationen beschränkt und keine das Pferd schädigenden Folgen zu befürchten sind, ist das Kopfschütteln zwar ungewöhnlich, aber nicht behandlungsbedürftig.

Starke Headshaker stehen allerdings unter gewaltigem Stress und der Besitzer ist angehalten sich mit seinem Vierbeiner und dessen Problem auseinanderzusetzen.

Ursachen und Auslöser

Die Ursachen für Headshaking sind sehr vielfältig. Wenn ein Pferd besonders unter dem Reiter den Kopf schüttelt, dann ist dies ein klarer Hinweis darauf, dass mit **falscher** und zu **harter Handeinwirkung** oder mit einem zu **scharfen Gebiss** geritten wurde. Das Pferd wehrt sich auf diese Weise gegen die ungerechte Behandlung. Es geht dem Versuch nach darauf aufmerksam zu machen, und möchte weiteren Schaden von sich abwenden. In einer frühen Phase kann ein **feines Reiten** mit **sanfter Hand**, **korrektem Timing** und das Umstellen auf eine **gebisslose Zäumung** noch vieles korrigieren. Das Pferd wird die Hilfen gerne annehmen. Umso etablierter das Verhalten ist, desto schwieriger ist es Erfolge zu erzielen.

Für Headshaking kommen mehrere Ursachen/Primärerkrankungen infrage, die es in jedem Fall gewissenhaft abzuklären gilt:

- schmerzhafte Veränderungen im Bereich der Halswirbelsäule,
- Zahnprobleme (z. B. Wolfszähne, Zahnfisteln),
- Parasitenbefall,
- Flüssigkeitsansammlungen in den Nasennebenhöhlen,
- Luftsackmykosen [*Luftsack* = große, blasenförmige Erweiterung der Ohrtrompete; *Mykose* = Schimmelpilze (hier: Aspergillus fumigatus)],
- Augenerkrankungen,
- Gehörerkrankungen,
- Erkrankungen der Gleichgewichtsorgane.

Lässt sich das Headshaking auf eine spezifische Grunderkrankung des Pferdes zurückführen (**symptomatisches Headshaking**), so müssen natürlich zunächst die Ursachen durch einen Tierarzt behandelt werden. Diese organischen Veränderungen sind allerdings nur in 10% der Fälle für das Verhalten des Pferdes verantwortlich.

Studien konnten aufzeigen, dass Headshaking ohne erkennbaren Grund (**idiopathisches Headshaking**) vermutlich lichtabhängig ist. Bei dieser Sonderform wird der Trigeminusnerv gereizt, wobei das Pferd die typischen Symptome wie Nüsternzucken, Nasenausfluss, Reiben der Nüstern und schließlich horizontales Kopfschütteln zeigt. Meist verschlimmert sich das Problem im Sommer und bei Sonnenschein in Verbindung mit Schnee im Winter. Zudem verstärkt sich die Symptomatik unter psychischer Belastung.

Die häufigsten Formen des Headshakings sind allerdings **stereotype Verhaltensstörungen**. Klinische Untersuchungen in diesem Bereich, die sichere Ergebnisse präsentieren, fehlen bislang. Dennoch kann laut verschiedener Studien davon ausgegangen werden, dass in den meisten Fällen **Veränderungen der Haltungsbedingungen** als Ursache auszumachen sind – also **Stress**.

Auch ist auffallend, dass betroffene Pferde die Verhaltensstörung dann verstärkt zeigen, wenn sie gearbeitet/geritten werden. Der Anspruch an das Pferd und die entsprechende **Stressbelastung** ist demnach zu hoch. Überdies ist aber auch eine **ungewollte Konditionierung** nicht auszuschließen. Das bedeutet, dass das Pferd für sein unerwünschtes Verhalten fälschlicherweise belohnt wurde, indem es sich beispielsweise durch eine Intensivierung des Kopfschlagens der Arbeit entziehen konnte.

Aufmerksamkeit durch den Menschen kann eine Belohnung für Verhaltensauffälligkeiten darstellen – aber auch für erwünschtes Verhalten: Hier ist man sich einig und Mensch und Pferd agieren im Einklang.

Diagnose und Differenzialdiagnostik

Damit eine korrekte Diagnose gestellt werden kann, ist es vorteilhaft, wenn das erstmalige Auftreten und die aktuellen Auslöser bekannt sind. Hierfür sollte der Besitzer sein Pferd sehr genau beobachten und sich am besten Notizen machen. Manchmal lässt das aber die Zeit nicht zu und nicht selten gehen aufgrund mehrerer Besitzerwechsel viele Informationen über den Ursprung des Verhaltens verloren. Umso wichtiger ist es, dass ein symptomatisches Headshaking durch eine gründliche Untersuchung beim Tierarzt ausgeschlossen werden kann. Hierfür müssen die **Wirbelsäule**, die **Nasenebenhöhlen**, die **Luftsäcke**, die **Augen** und **Ohren** dringend untersucht werden. Zudem muss überprüft werden, ob das Pferd an zentralnervösen oder allergischen Erkrankungen leidet. Sind mögliche Grunderkrankungen und eine fotosensitive (lichtbedingte) Form des Headshakings definitiv auszuschließen, kann die Diagnose „stereotypes Headshaking“ gestellt werden.

Therapie

Die Optimierung der Haltungsbedingungen ist – wie bei vielen anderen Stereotypien – der wichtigste Schritt. Das Pferd braucht häufig mehr **Bewegung** und sollte ganztägig auf die Koppel dürfen. Dies natürlich nicht alleine, sondern mit verträglichen **Sozialpartnern**. Ist eine Boxenhaltung teilweise nicht zu vermeiden, so muss das Pferd dringend durchgängig Kontakt zu Artgenossen haben. Studien konnten zeigen, dass der Sozialkontakt durch Fensteröffnungen zu einem deutlichen Nachlassen des Headshakings bei betroffenen Pferden führte.

Auch die **Fütterung** sollte weitgehend an die pferdespezifischen Bedürfnisse angepasst werden. Im besten Fall ist es so einzurichten, dass die Fresszeiten deutlich verlängert werden. Auch Stress sollte während diesen unbedingt vermieden werden. Während viel mehr Raufutter angeboten werden sollte, sind die Kraftfuttergaben auf mehrere kleine Portionen über den gesamten Tag zu verteilen.

Scharfe Gebisse oder **radikales Ausbinden** des Kopfes während dem Reiten (oder in der Box) haben keinerlei positive Wirkung auf die Entwicklung der Stereotypie. **Im Gegenteil:** Das Pferd wird durch Zwangsmaßnahmen nicht daran gehindert, sondern das Headshaking verschlimmert sich sogar. In vielen Fällen wird das Headshaking als „Unart“ wahrgenommen und durch Zwang und Gewalt versucht zu unterdrücken. Das funktioniert nie, denn Headshaking ist auch ein Ausdruck von Unglück und seelischem Leid. Es muss ein Umdenken in den Köpfen vieler Pferdebesitzer stattfinden, die immer noch glauben, dass sie durch symptomatische Maßnahmen ihr Pferd „(um)erziehen“ können.

Weben

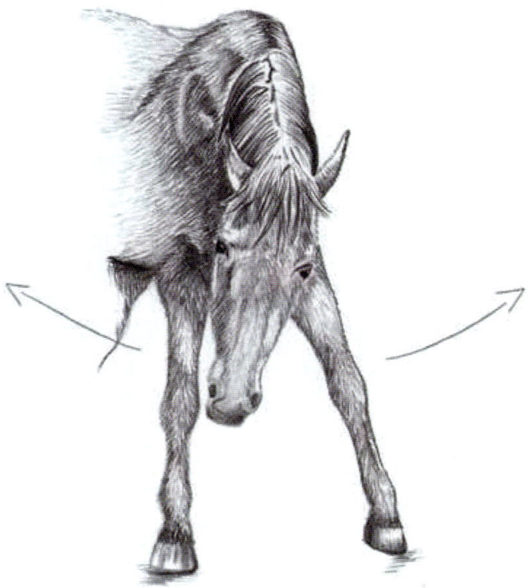

Begriffsdefinition und Erscheinungsformen

Beim Weben pendelt das Pferd im Stehen bei weitgestellten Vordergliedmaßen mit dem Kopf und Hals rhythmisch hin und her. Dabei verlagert es sein Gewicht von der einen auf die andere Seite. Manchmal heben die Pferde auch die Hufe dabei wechselseitig hoch und zeitweilig schwingt dazu die Hinterhand im Gegenrhythmus mit. Die Webbewegungen sowie Haltung von Kopf und Hals sind von Pferd zu Pferd verschieden und individuell. Bisweilen geht das Weben auch mit stereotypen Zungenbewegungen einher. Die Ausschlagweite beim Weben variiert etwa zwischen 80 cm und 175 cm. Die

Häufigkeit pro Minute liegt zwischen ca. 20 und 62, wobei die Zahl der Ausschläge pro Tag zwischen 400 und 18000 schwanken kann.

Laut verschiedener Studien liegt die (relative) Häufigkeit für Weben zwischen 0,1% und 9,5%. Diese Schwankungen erklären sich dadurch, dass die Daten in Abhängigkeit von **Rasse, Verwendung** und **Haltung** erhoben wurden. Besonders „**hoch im Blut stehende**" Pferde sind von dieser Stereotypie betroffen, während schwerere Schläge deutlich weniger anfällig sind. Auch bei Trabern konnten vergleichsweise nur wenige Weber ausgemacht werden.

Ähnlich wie bei anderen Stereotypien haben die Haltungsbedingungen und die Nutzung einen enorm großen Einfluss darauf, ob sich ein Pferd zum Weber entwickelt. Die Wahrscheinlichkeit steigt, je weniger **Raufutter**, **Bewegung** und **Sozialkontakt** eine Haltung ermöglicht. Bei anderen Einstreuarten als Stroh steigt die Anzahl erkrankter Pferde ebenfalls überproportional an. Auch die **Trainingsbedingungen** sind entscheidend beteiligt: Unter Renn- und Dressurpferden konnten deutlich mehr Weber identifiziert werden als unter Pferden, die für Ausdauerprüfungen trainiert werden.

Da unter den Nachkommen bestimmter italienischer Vollbluthengste deutlich mehr Weber gefunden wurden (26%), kann von einer **genetischen Disposition** ausgegangen werden. **Zum Vergleich:** Der Anteil in der untersuchten Gesamtpopulation lag lediglich bei 2,5%. Dennoch reicht eine erbliche Vorbelastung natürlich nicht aus, damit ein Pferd zwangsläufig zum Weber wird. Weitere Ursachen tragen entscheidend dazu bei.

Weben ist bei allen erkrankten Pferden eine **Ersatzhandlung**, um unzureichende Bewegung auszugleichen. Die Webbewegungen ermöglichen dem Pferd **Spannungen** abzubauen. Aber warum braucht es das und wie ist das Weben entstanden?

Ursachen und Auslöser

Auch beim Weber ist es meist ein **Initial-Trauma**, das die Stereotypie erstmalig auslöst. Ursächlich scheinen vor allem das **Absetzen** von der Mutter, der **Trainingsbeginn** oder ein **Stallwechsel** zu sein.

Bestimmte Ereignisse können einschneidend für den Lebensverlauf des einzelnen Pferdes sein und haben das Potenzial, eine langfristige seelische Belastung darzustellen.

Lange wurde vermutete, dass Weben – ähnlich wie Koppen – durch Nachahmung erlernt werden kann. Derzeit existieren keine Studien, die diese Annahme belegen könnten. Dass es zu einem vermehrten Aufkommen in einigen Ställen kommt, liegt vielmehr an den inadäquaten Haltungsbedingungen und einem unangebrachten Umgang mit den Tieren. Entsprechend ist es auch unsinnig, dass in vielen Ställen Weber als Einstellerpferde immer noch abgelehnt werden. Die Angst vor Nachahmung ist unbegründet und überholt.

Auch einem webenden Pferd steht
ein artgerechtes Leben zu.

Der häufigste **Auslöser** für Webphasen ist die **Futtererwartung**. Die Fütterung stellt eines der wichtigsten Ereignisse im Tagesverlauf eines Pferdes dar. Nicht selten zeigen Weber schon 1-2 Stunden vor der Fütterung stärkere Webvorgänge. Auch andere Situationen, mit denen eine erhöhte Erregbarkeit einhergeht, wie beispielsweise das Herein- und Herausführen der Boxennachbarn, können das Weben auslösen. Pferde, bei denen sich die Verhaltensstörung schon etabliert hat, weben aber auch dann, wenn es keinen offensichtlichen Grund dafür gibt. Nicht selten stehen sie stundenlang webend in der Box oder sogar auf der Weide.

Gesundheits- und Leistungsbeeinträchtigung

Trotz der Tatsache, dass in der tiermedizinischen Literatur seit mehr als 100 Jahren bekannt ist, dass Weben weder mit Gesundheitsschäden noch mit Leistungsbeeinträchtigungen einhergeht, wird dies dennoch weiter hartnäckig in der hippologischen, freiverkäuflichen Literatur behauptet. Die These, dass Weben für übermäßige Abnutzung an Gelenken, Sehnen und Bändern der Vordergliedmaßen verantwortlich sein soll, hält sich fälschlicherweise beharrlich. Nur bei **sehr exzessiven** Webern können sich die Vorderhufe ungleichmäßig abnutzen. Dies ist aber sehr selten der Fall und natürlich korrigierbar. Unzählige wissenschaftliche Untersuchungen konnten belegen, dass Weber **nicht häufiger erkranken** und auch in keiner Weise in ihrer Leistungsfähigkeit eingeschränkt sind.

Weber haben keine höhere Krankheitsanfälligkeit.

Im Gegenteil: Ähnlich wie Kopper gelten Weber als besonders leistungsfähig. Dies scheint vergleichbar zum Menschen zu sein, denn häufig sind Menschen, die beispielsweise unter Angst- und Zwangsstörungen leiden um ein Vielfaches ehrgeiziger und damit auch erfolgreicher als andere. Das liegt vermutlich daran, dass sie besonders hart mit sich selbst und ihren Leistungen ins Gericht gehen und überdies „gefallen" möchten.

Diagnose und Differenzialdiagnostik

Vereinzelte Webbewegungen in Stresssituationen, also sog. Übersprunghandlungen, sind von einer stereotypen Verhaltensstörung abzugrenzen. Weben geht häufig der Fütterung voraus. Entsprechend gilt es zu überprüfen, ob in der Vergangenheit **ungewollte Konditionierungsprozesse** stattgefunden haben, die zu einer Verstärkung des Webens führen. Besonders für das therapeutische Vorgehen ist die Abgrenzung von Stereotypie und erlerntem Verhalten wichtig.

Therapie

Die **Fütterung** steht im Vordergrund der Behandlung, da ihr eine wesentliche Rolle zukommt. Es sollte neben der allgemeinen Verbesserung der Haltungsbedingungen (mehr freie Bewegung, mehr Sozialkontakt) also eine Fütterungsumstellung angestrebt werden. Meistens bekommen Pferde zwei Mal täglich ihr Kraftfutter. In einem ansonsten häufig eintönigen Tagesablauf ein aufregendes Ereignis, das mit Stress und Anspannung einhergeht. In diesem Zusammenhang verstärken sich auch die Webphasen. Es ist also im Sinne des Pferdes bedeutend, dass das Kraftfutter auf mehrere kleine Portionen am Tag verteilt wird. Da sich dies in machen Ställen personaltechnisch nicht umsetzen lässt, bieten sich bei Boxenhaltung z. B. **Kraftfutterdosierautomaten** an. Diese Anschaffung hat neben der Tatsache, dass viele kleine Portionen dem **natürlichen Nahrungsaufnahmeverhalten** entsprechen auch den Vorteil, dass der **belohnende Effekt** von seltenen und großen Kraftfutterportionen ausbleibt. Überdies sollte das Kraftfutter zugunsten des Raufutteranteils reduziert werden. Die Fresszeiten werden dadurch erheblich verlängert und durch das erhöhte **Tryptophanangebot** gleicht sich ggf. der **Serotoninmangel** aus (*siehe ausführlich Kapitel 2 unter Futterzusätze*).

Anders als beim Koppen kann ein **Equiball** beim Weben zu einer Verbesserung der Verhaltensstörung führen. Das wichtigste Ziel bei der Behandlung ist nämlich den Erregungspegel der Pferde abzubauen. D. h., dass Außenreize, die zu Aufregung führen vermieden werden sollten. Das Pferd darf aber **nicht** isoliert gehalten werden, damit es sich bloß nicht aufregt. Vielmehr braucht es **genügend Raum zum Ausweichen**, damit es Energien abbauen kann und adäquat auf Ereignisse in seiner Umwelt reagieren kann.

Das Ermöglichen von **Sozialkontakten** reduziert das Weben deutlich – wenigstens bei Pferden, die vorher einzeln gehalten wurden. Die Ergebnisse der wissenschaftlichen Studien sprechen eine deutliche Sprache: Die Webaktivität der untersuchten Pferde reduzierte sich durch den Kontakt zu Artgenossen um bis zu 97%, wenn die Pferde bislang größtenteils isoliert gehalten wurden.

Besonders der Umgang mit webenden Pferden ist häufig völlig widersprüchlich. Obwohl das Weben nicht nachgeahmt wird, untersagt man ihnen Sozialkontakt. Aber gerade der Sozialkontakt ist geeignet, das Weben zu reduzieren. Ein Kreislauf, der dadurch entsteht, dass die Menschen sich nicht ausreichend informieren und dem Pferd Unrecht antun. Dabei ist die Lösung naheliegend.

Grundsätzlich sind die Aussichten für einen Therapieerfolg bei Webern zuversichtlich.

Dies ist allerdings nur durch die Optimierung der Haltungsbedingungen erreichbar. Sogar bei länger bestehender „Erkrankung“ ist die Genesungswahrscheinlichkeit deutlich höher als bei Koppern.

Leider ziehen es viele Halter immer noch vor, ihren Pferden Medikamente zu verabreichen. Das ist ja auch augenscheinlich die einfachste Variante, aber in den meisten Fällen überflüssig und vor allem schädigend. Nur in schwerwiegenden Einzelfällen dürfen **Pharmaka vorübergehend** zum Einsatz kommen. Eine Dauermedikation ist in jedem Fall abzulehnen. Auch dürfen Medikamente, die das Weben unterdrücken nur dann verabreicht werden, wenn gleichzeitig eine Haltungsverbesserung, wie sie oben beschrieben wurde, vorgenommen wird.

Generell abzulehnen ist das **Zusammenbinden der Vorderbeine**, um das Weben mechanisch zu verhindern. Auch **Strafen** (Anbrüllen oder Prügeln während des Webens) bringen selbstverständlich keinen Erfolg. Durch erhöhten Stress wird das Pferd das Weben verstärken. Das Verwenden von **Gitteraufsätzen mit V-förmiger Aussparung** auf halbhohen Boxentüren verändern ebenfalls gar nichts an dem Grundproblem. Selbstverständlich machen sie dem Pferd das Hin- und Herpendeln, wenn es aus der Box schaut unmöglich, aber es kann ja einfach einen Schritt zurücktreten und innerhalb der Box weben; was ziemlich exakt 100% der Pferde auch tun. Gleiches gilt für das Aufhängen von **Sandsäcken** im Bereich des Vorderkörpers. Das Pferd sucht sich einen anderen Ort zum Weben.

Eine reine Symptombehandlung hat keinerlei Nutzen.

Dagegen scheint das Anbringen eines **Spiegels**, in dem das Pferd sich selbst betrachten kann, laut englischer Studien, eine Verminderung des Webens zu erzeugen – dies offensichtlich auch langfristig. Die durchschnittliche Reduktion lag hier bei außerordentlichen 98%. Für die Wissenschaftler ein Anhaltspunkt dafür, dass die Verhaltensstörung Weben u. a. durch fehlenden Sichtkontakt und mangelnden Sozialkontakt zu Artgenossen entsteht.

So leicht „kuriert"? Offensichtlich ja! Der Blick in den Spiegel reduziert das Weben und gibt dem Pferd Sicherheit. Realer Kontakt zu anderen Pferden sollte durch diese Maßnahme natürlich nicht ersetzt werden.

Boxen- und Zaunlaufen

Boxen- und Zaunlaufen sind **Fortbewegungsstereotypien**. Anders als Weben sind sie tatsächlich mit einer Fortbewegung verbunden. Während Boxen- oder Stalllaufen in der Einzelbox gezeigt wird, tritt Zaunlaufen vor allem bei Pferden auf, die in Ausläufen isoliert gehalten werden. Aufgeregtes Umherlaufen in der Box oder entlang des Zauns ist auch häufig bei Pferden zu sehen, die kurzfristig allein gelassen wurden (siehe 4. Teil unter Kleben). In einem solchen Fall sind die Bewegungsbahnen, Schrittfolgen und Wendepunkte aber anders als bei stereotypem Stall- und Zaunlaufen, denn sie sind nicht streng fixiert, sondern variabel. Bei einer etablierten Stereotypie ist die **Schrittfolge festgelegt** und die Tiere gehen ihrem Bewegungsmuster oft stundenlag nach.

Begriffsdefinition und Erscheinungsformen

Neben dem Hin- und Herlaufen am Zaun oder an der Boxenwand zeigen erkrankte Pferde häufig noch weitere ungewöhnliche Verhaltensweisen. Beispielsweise Drehungen mit dem Kopf an ebenfalls festgelegten Punkten der Bahn. Viele Pferde laufen entweder **Kreisbewegungen** oder die **Figur einer Acht**. Stundenlang und ohne erkennbaren Auslöser werden die Bewegungen sehr formkonstant ausgeführt. Das bedeutet, dass die Tiere häufig immer wieder exakt die gleiche Schrittzahl laufen und auch Wendungen vollziehen sie meist in dieselbe Richtung.

Laut Untersuchungen sind **Araber** überdurchschnittliche stark von Laufstereotypien betroffen. Traber hingegen nur relativ selten. Je nach Studie finden sich zwischen 0,2% und 7,3% erkrankte Pferde gemessen an der Gesamtpopulation. Je geringer die **Raufutterrationen** ausfallen und je weniger **Sozialkontakte** einem Pferd ermöglicht werden, desto wahrscheinlicher ist die Entwicklung einer Laufstereotypie. Obwohl es naheliegen würde, hat **mangelnde Bewegung** offenbar **wenig Einfluss** auf die Entwicklung dieser Verhaltensstörung. Pferde, die für Ausdauerprüfungen trainiert werden, weisen eine höhere Erkrankungsrate auf als Dressur- und Rennpferde, die durchschnittlich weniger intensiv bewegt werden.

Eine **genetische Komponente** ist auch bei Boxen- und Zaunläufern sehr wahrscheinlich. In einzelnen Hengstlinien italienischer Vollblüter konnten 13% Boxenläufer nachgewiesen werden, während bei allen anderen Pferden lediglich 2,5% betroffen waren.

Ursachen und Auslöser

Aussagekräftige Studien, die eine klare Ursache für stereotype Laufbewegungen darlegen, sucht man vergeblich. Es kann davon ausgegangen werden, dass **massive Belastungen** auf Organismus und

Psyche verantwortlich sind. Diese zeigen sich später auch unabhängig von der ursprünglichen Ursache. D. h., dass die Pferde auch dann die Verhaltensstörungen beibehalten, wenn die äußeren Umstände sich gebessert haben. Aus diesem Grund führen erkrankte Pferde ihr stereotypes Muster auch auf einer Weide aus und nutzen dabei nur wenige Meter, obwohl eine große Fläche zur freien Bewegung zur Verfügung steht.

Ein solcher Entspannungszustand auf dem Paddock oder der Weide ist für einen Zaunläufer nicht mehr möglich. Betroffene Pferde stehen ständig unter psychischem Stress und erleben starke Anspannung.

In den meisten Fällen lösen **Erregungszustände** das Achtenlaufen aus. Hierzu zählt neben der bevorstehenden **Fütterung** besonders die **Isolation** vom Boxennachbarn. Das Kreislaufen wird hingegen nicht selten auch ohne erkennbaren äußeren Grund vollzogen.

Gesundheits- und Leistungsbeeinträchtigung

Mit einer gesundheitlichen Beeinträchtigung ist in der Regel **nicht** zu rechnen. Führt ein Pferd die Verhaltensstörung allerdings auf **exzessive** Weise aus, dann kann eine Leistungsminderung die Folge sein. Studien belegen, dass Boxen- und Zaunlaufen nicht mit einer Beeinträchtigung der Gesundheit einhergehen. Dennoch sind diese Verhaltensstörungen selbstverständlich ein Hinweis darauf, dass das Pferd seelisch unglücklich ist.

Diagnose und Differenzialdiagnostik

Da stereotype Laufbewegungen durch stundenlange Bewegungsmuster auf festgelegten Bahnen gekennzeichnet sind, ist eine Diagnose schnell gestellt. Nicht selten lassen sich auch Trampelpfade und deutlich ausgetretene Spuren im Boden (Einstreu oder Koppel) erkennen. Manchmal hat sich aber auch eine komplexere Form der Verhaltensstörung gebildet, die sich darin äußert, dass die **Übergänge** zwischen Boxen- bzw. Zaunlaufen und **Weben** fließend sind. Das bedeutet, dass das Pferd **beide Stereotypien** miteinander **kombiniert**.

Abzugrenzen von der Verhaltensstörung Boxen- oder Zaunlaufen sind neben dem kurzfristigen Hin- und Herlaufen bei Aufregung auch **schmerzbedingte Laufbewegungen** als Begleitsymptome einer Kolik. Weiter sollten Erkrankungen und Infektionserkrankungen des ZNS (Zentrales Nervensystem), wie Borna, Listeriose oder Herpesinfektionen ausgeschlossen werden, denn diese führen ebenfalls zu stundenlangen Kreisbewegungen.

Therapie

Wie bei allen anderen Stereotypien muss zwingend eine Anpassung der Haltungsbedingungen an die pferdespezifischen Bedürfnisse erfolgen. Die Möglichkeit zur **freien Bewegung** und ausreichend **Sozialkontakte** sind unerlässlich. Deutliche Besserungen sind also zu erwarten, wenn die betroffenen Pferde mit Artgenossen zusammen auf eine Weide gestellt werden. Im besten Fall wird auf diese Weise erreicht, dass die Tiere ihre überschüssige Energie im Spiel und der Interaktion mit anderen Pferden abbauen, anstatt sie für stereotypes Laufen zu verwenden. Zudem sorgen **verlängerte Fresszeiten** in Verbindung mit viel Raufutter und mehreren kleineren Portionen Kraftfutter über den Tag verteilt für Abwechslung und Beschäftigung.

Da die Verhaltensstörung nicht mit gesundheitlichen Einschränkungen einhergeht, ist von einer **medikamentösen Behandlung** anzuraten. Positive Erfahrungen konnten mit dem Einsatz synthetisch hergestellter **Pheromone** gemacht werden. Hier gilt es aber noch weitere Überprüfungen abzuwarten.
Das Umstallen betroffener Pferde in eine Ständerhaltung hat keinerlei positiven Effekt. Vielmehr verschlechtern sich die Haltungsbedingungen und damit auch die Stereotypie. Überdies ist die Ständerhaltung tierschutzwidrig. Auch das Aufhängen von Sandsäcken, um die Bewegungsmuster zu verhindern, ist abzulehnen. An der Motivationslage des Vierbeiners verändert sich nichts. Es muss darum gehen das Grundproblem anzupacken und pferdegerecht zu agieren. Mechanische Vorgehensweisen verhindern das Boxenlaufen nicht.

Barrenwetzen und Gitterbeißen

Begriffsdefinition und Erscheinungsformen

Beim **Barrenwetzen** (auch **Krippenwetzen/Zahnwetzen** genannt) setzt das Pferd die Schneidezähne auf einen harten Gegenstand auf und bewegt den Kopf hin und her. Häufig nutzen die Pferde hierfür den Rand des Troges oder die Gitterstäbe an der Box. Teilweise bleibt das Reiben an einem Gegenstand auch aus und das Pferd setzt seine Schneidezähne auf einen festen Gegenstand auf (**Krippensetzen**). Im Gegensatz zum Koppen findet hier keine Kontraktion der langen Halsmuskulatur statt. Vereinzelt kann es aber in Kombination mit Belecken der Aufsetzstelle zu einer Vorstufe des Koppens kommen. Auch beim **Gitterbeißen** verwendet das Pferd die Gitter und Stangen der Stallabtrennung und reibt seine Zähne daran.

Ursachen und Auslöser

Beide Verhaltensweisen sind mit einer deutlichen Lärmerzeugung verbunden, die vermutlich als **positiver Verstärker** fungiert. Die Pferde schaffen sich eine Stimulation in einer ansonsten reizarmen Umwelt. Barrenwetzen und Gitterbeißen werden zudem vor allem bei starker **Überspannung** gezeigt. Dies ist vornehmlich unmittelbar vor der **Fütterung** der Fall, da diese ein aufregendes Ereignis darstellt. Durch die Futterverabreichung kann es zu einer ungewollten Belohnung für dieses Verhalten kommen, so dass es durch **Konditionierungseffekte** verstärkt wird.

Die Ursachen für beide Verhaltensstörungen sind neben mangelndem **Sozialkontakt** auch die ungenügende Befriedigung des **Fressbedürfnisses**. Die fehlenden Möglichkeiten zu Interaktionen mit anderen Pferden lassen die Seelen der betroffenen Pferde erkranken. Ihr Verhalten stellt also eine Kompensation dar, mit der innere Disharmonien und Frustrationen abgebaut werden sollen. Zudem wurde bei betroffenen Pferden ein ausgeprägter **Futterneid** festgestellt. Besonders dann, wenn sich die Boxennachbarn nicht gut verstehen. Es liegt also nahe, dass es sich bei beiden Verhaltensstörungen um eine Form **umadressierter Aggression** handelt. Dies kommt zustande, weil etwaige Auseinandersetzungen mit den Artgenossen nicht ausgetragen werden können.

Gesundheits- und Leistungsbeeinträchtigung

Sowohl Barrenwetzen als auch Gitterbeißen können zu einer starken **Abnutzung** der **Schneidezähne** führen (*Wetzergebiss*). Leider entstehen häufig schmerzhafte Zahnfleischentzündungen, die in der Folge zu einem frühzeitigen **Zahnverlust** führen können. Es spricht also aus gesundheitlichen Gründen viel dafür, die Verhaltensstörung nicht als „Marotte“ abzustempeln, sondern ernst zu nehmen. Selbstverständlich müssen besonders die Zahnprobleme fachgerecht versorgt werden. Aber auch die Lebensbedingungen sollten dringend hinterfragt und in der Folge optimiert werden.

Therapie

Da Barrenwetzen und Gitterbeißen zu beinahe 100% auf Pferde in Ständern und Einzelboxen beschränkt sind, müssen die **Haltungsbedingungen** unbedingt verändert werden. Die Pferde brauchen dringend mehr Sozialkontakt, um auf eine natürliche Weise mit ihren Artgenossen umgehen zu können. Auch der **Fütterungsablauf** muss optimiert werden. Es sollte den Pferden ein ständiges Angebot von Raufutter zur Verfügung stehen. Insgesamt haben diese Vierbeiner einen hohen Bewegungsbedarf. Die Heilungschancen sind dann sehr gut, wenn die aufgeführten Veränderungen für das Pferd umgesetzt werden.

Die Besitzer „auffälliger" Pferde sind gefordert ihre Vierbeiner mehr zu beschäftigen und ihnen mehr Außenreize, Abwechslung und positive Lernaufgaben zu stellen.

Zungenstrecken und Zungenspiel

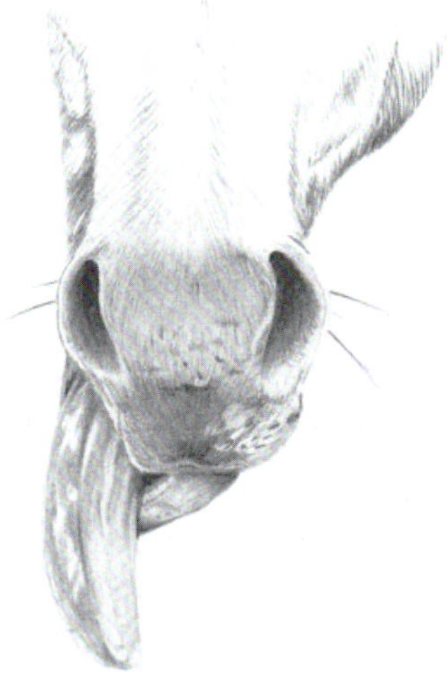

Begriffsdefinition und Erscheinungsformen

Beim **Zungenstrecken** streckt das Pferd seine Zunge vorübergehend oder ständig aus der Mundhöhle heraus. Manchmal lässt es sie auch aus dem Maul heraushängen. Besonders das **Zungenspiel** ist eine sehr häufige Verhaltensstörung, die aber als solche bedauerlicherweise nur selten erkannt wird. Es tritt in verschiedenen Formen auf. Meist aber lassen im Stall stehende Pferde die Zunge seitlich aus dem Maul hängen, rollen die Zunge auf oder lassen sie gegen die Lippen schlagen.

Ursachen und Auslöser

Zungenstrecken und teilweise auch das Zungenspiel sind die Folge einer **fehlerhaften Anwendung des Gebisses** bei der Ausbildung bzw. bei der Nutzung des Pferdes. Die Tatsache, dass das Pferd auch ohne Gebiss die Verhaltensstörung zeigt, lässt dennoch keine Ausrede vonseiten des Menschen zu. Häufig wird nämlich gerne behauptet, dass die Ursache im Pferd selbst und dessen Charaktermängel liege, da es die Stereotypie ja auch ohne Gebiss zeigt. Dem ist ganz sicher nicht so. Das Verhalten des Pferdes ist ein **Sich-Wehren** gegen **falsche Behandlung**.

Auch hier liegt der Ursprung des seelischen Traumas im Fehlverhalten des Menschen begründet.

Massive Einwirkung und Druck haben die betroffenen Pferde zu ihrer Stereotypie veranlasst.

Diagnose und Differenzialdiagnostik

Eine genaue Diagnose ist wichtig, denn nicht jedes Zungenherausstrecken ist auch automatisch eine Verhaltensstörung.

Das Zungenstrecken ist anders als das Zungenspiel und das Zungensaugen vom **Koppen** abzugrenzen, denn es hat andere

Ursachen. Koppvorgänge sind häufig Bestandteil eines komplexen Ablaufes aus Zungen- und Lippenbewegungen, die in immer gleicher Reihenfolge und Form ausgeführt werden. Der genauen Diagnosestellung kommt also eine entscheidende Bedeutung zu, denn manchmal sind die Übergänge fließend. Die Therapien unterscheiden sich aber. Welche Form der Stereotypie (ggf. auch eine Mischform) vorliegt, muss sorgfältig abgeklärt werden.

Wird das Zungenspiel verstärkt beim **Reiten** gezeigt, dann müssen **Verletzungen** oder **Lähmungen der Zunge** ausgeschlossen werden. Ansonsten sind in der Regel keine gesundheitlichen Folgen für das Pferd zu erwarten.

Therapie

Rein mechanische Maßnahmen, wie beispielsweise das Festbinden der Zunge, sind unter Tierschutzgesichtspunkten generell abzulehnen. Im Anfangsstadium lässt sich die Verhaltensstörung zum Teil noch durch Reiten mit weicher Hand, einem weicheren Gebiss oder durch eine gebisslose Zäumung korrigieren. Hat sich das Verhalten etabliert, dann ist sehr viel Zeit, Geduld und Einfühlungsvermögen nötig. Manchmal ist aber auch hierdurch keine Verbesserung zu erzielen.

„Zehn gute Pferde zu bekommen ist nicht so viel,
wie einen Pferdekenner zu bekommen."
{Lü Bu We}

4. Teil

Umgang mit ängstlichen Pferden

„Lasse Deinem Pferd immer eine Türe offen,
aber sei Dir sicher, dass es die richtige ist.“
{Reynir Adalsteinsson}

Leider schrecken viele Pferdebesitzer vor einem ängstlichen oder scheuenden Pferd zurück. Angst hängt nämlich eng mit der **Erfahrung von Schmerz** zusammen. Menschen unterscheiden sich in diesem Punkt ganz wesentlich von Pferden.
Zum besseren Verständnis, warum das so ist, wollen wir ein kleines **Denkexperiment** machen:
Wie sieht die instinktive Reaktion eines Menschen aus, der sich an einer heißen Herdplatte die Hand verbrennt? Richtig! Er schreckt zurück. Jemand geht zu eng an einem Türrahmen vorbei und schlägt sich schmerzvoll die Hüfte an. Wie geht er das nächste Mal durch den Türrahmen? Auf was achtet er? Wahrscheinlich wird er sich an das schmerzvolle Ereignis erinnern und zukünftig einen größeren Abstand halten, damit er sich nicht erneut stößt.

Menschen lernen aus leidvollen Erfahrungen, wie Sie Schmerz vermeiden können. Pferde reagieren in einer ähnlichen Situation **völlig anders**. Seit Jahrmillionen wenden Pferde erfolgreich das **Prinzip des Gegendrucks** an. Der Gegendruck-Reflex ist tief in der Natur des Pferdes verwurzelt.

Angst als Ursache von Problemverhalten

Der Gegendruck-Reflex

Zwischen Brustkorb und Skelettapparat des Pferdes liegen die **Flanken**. Da diese aus Gründen der Effektivität und Beweglichkeit nur mit einer **dünnen Hautschicht** versehen sind, gehören sie zu den **verletzlichen Stellen** des Pferdekörpers. Die Natur hat diese Bereiche mit einem dichten Netz sehr empfindlicher Nerven versehen. Jeder Druck, der auf diese anfälligen Stellen ausgeübt wird, wird vom Pferd mit **Gegendruck** erwidert.

Instinktiv lehnen sich Pferde in jeden Druck hinein.

Wer einem untrainierten Pferd in die rechte Flanke kneift, wird bemerken, dass es ebenfalls nach rechts drückt. Das Pferd beantwortet den ausgeübten Druck mit Gegendruck. Wir Menschen, als Fleischfresser und Raubtiere, reagieren bei Druck und Schmerz mit Abwehr und Weichen. Verletzen wir uns, so schrecken wir zurück und überdenken die unseren Körper gefährdenden Handlungen zukünftig zweimal oder vermeiden sie sogar. Dagegen haben Pferde in ihrer Entwicklung aus Selbstschutz den Gegendruck - Reflex erlernt.
Zurück zu unserem **Denkexperiment**: *Wie wird wohl ein Pferd reagieren, wenn es sich die Hüfte schmerzvoll an einem Türrahmen stößt? Im Gegensatz zum Menschen ist es sehr wahrscheinlich, dass sich das Pferd gegen den Rahmen lehnt. Beim nächsten Mal wird es vermutlich noch dichter herangehen und sich noch heftiger die Hüfte anschlagen.* Aus Sicht des Menschen mag dieses Verhalten dumm und unsinnig erscheinen. Es hat aber einen evolutionären Hintergrund, den auch unsere domestizierten Pferde noch verinnerlicht haben.

Der Sinn des Gegendrucks

Die Hauptpferdefleischjäger von Pferden in der Natur sind große Hunde und Katzen. Das haben auch unsere domestizierten Pferde nicht „vergessen“. Greifen Feinde das Pferd an, so geschieht dies vor allem an den empfindsamsten Stellen: den Flanken.
Nach dem Evolutionsprinzip, also der natürlichen Auslese, haben die Pferde überlebt, die **gegen den Druck standhielten**, während die Pferde, die bei einem Biss von einem Feind davonliefen, starben. Hatte ein Wolf oder Löwe zugebissen und das Pferd riss sich los und floh, wobei es seine Wunden nur noch verschlimmerte, so musste das Raubtier nur geduldig ausharren, bis das verletzte Beutetier Pferd starb. Eine deutlich größere Überlebenschance hatten dagegen die Pferde, die sich dem beißenden Feind mit ihrem **Körpergewicht entgegenwarfen** und nach ihm schlugen.

Die Hinterhand eines Pferdes ist stark und wird auch zur Verteidigung bei Gefahr eingesetzt.

Jäger greifen die Beute Pferd an seinen Flanken (grauer Kreis) an, weil diese sehr sensibel sind. Es sind die „Schwachstellen“ des Pferdes.

Im Umgang mit Pferden und in ihrer Ausbildung bringen wir ihnen dennoch erfolgreich das Weichen vor Druck bei, z. B. lernen Pferde vor dem Druck des Reiterschenkels zu weichen. Zu Anfang ihrer Ausbildung gehen sie aber instinktiv erst einmal **gegen den Druck**. Das Prinzip des Gegendrucks ist ein wichtiger Bestandteil, der in der Ausbildung und der Korrektur des Pferdes (besonders bei Angstproblemen, z. B. der Anbindepanik) berücksichtigt werden muss. Viele Menschen machen hier ungewollt Fehler und verstärken die „natürliche“ Angst des Pferdes.

Wie soll der Mensch auf ein ängstliches Pferd reagieren?

Dass sich die Angst- oder Stressreaktion des Pferdes auf uns überträgt, ist nicht ungewöhnlich – leider aber sehr kontraproduktiv. Es ist wichtig, dass ein ängstliches Pferd beruhigt und nicht in seiner Angstannahme bestätigt wird. Im Umgang mit Pferdes ist es das Wichtigste, dass wir versuchen, in **allen** Situationen so **ruhig** wie möglich zu bleiben. Auch sollten das Pferd genau beobachten werden, um herauszufinden, wann es sich, aus welchen Gründen vermehrt ängstigt. Liegt eine Panikstörung vor, kann nur die **Auseinandersetzung** mit dem „Schreckensobjekt“ Abhilfe schaffen. Hierbei ist es entscheidend, dass wir **rücksichtsvoll** und **motivierend** vorgehen.

> Zwanghaftes „Hineinzerren“ in mit Furcht besetzte Situationen hat eine angstverstärkende Wirkung.

Ziel einer **Konfrontationstherapie** sollte immer die Erkenntnis sein, dass gar nichts Schlimmes passiert. Leider bestätigen viele Menschen ungewollt das Angstverhalten ihres Pferdes.

Umgang des Menschen mit einem ängstlichen Pferd

Negative Reaktion	Positive Reaktion
• Panik/Schreck	• Ruhe
• Zusammenzucken	• Besonnenheit/Entspanntheit
• Angstübertragung	• Sicherheit vermitteln
• Ziehen am Zügel/Strick	• Überlegter Umgang
• Einschränkung der Kopfaktion	• Bedächtiges Verringern
• Einschränkung des Bewegungsradius	• Achtsames Begrenzen
• Zurechtweisen	• Motivieren
• Bestrafen	• Beruhigen
• Körperliche Demütigung	• Abstand gewinnen/Weggehen und Durchatmen
• Dauernde Wiederholung der Stresssituation	• Langsames Heranführen an die Angstsituation
• Dominanz ausüben	• Vertrauen vermitteln

Schlechte Erfahrungen erzeugen Angst

Wenn die Angst zum Problem wird und sich festgesetzt hat, dann ist dies in den meisten Fällen ein Hinweis auf schlechte Erfahrungen, die das Pferd gemacht hat. Viele Pferdebesitzer sind aber völlig ratlos, da sie selbst überhaupt nichts Schlimmes wahrgenommen haben. Die Angst des Pferdes vor bestimmten Umweltsignalen scheint aus dem Nichts aufgetaucht zu sein. Tatsächlich haben „übersteigerte" Stressreaktionen ihren Ursprung in **vergangenen Situationen**, die das Pferd als **„bedrohlich"** gewertet hat. In der Folge „merkt" sich das

Pferd einen Gegenstand, eine Situation oder einen Menschen und reagiert künftig panisch. Es ist völlig egal, ob der Pferdebesitzer dieselbe Situation ebenfalls als beunruhigend wahrgenommen hat (in den meisten Fällen ist dem nicht so). Vielmehr sind das Erleben des Pferdes und die damit in Verbindung stehenden **Lernvorgänge** für die Entwicklung einer Panikstörung entscheidend. Einmaliges Zurückscheuen in einer Situation ist aber noch kein Angstproblem, sondern meist eine instinktive Reaktion, die abschwächt.

Reagiert der Mensch auf die Furchtsamkeit des Pferdes **falsch, hastig, verteidigend** oder gar **streitsüchtig, verstärkt** sich die Panik. Das Pferd glaubt tatsächlich in einer Bedrohungslage zu sein und wird nachfolgend in ähnlichen Lebenslagen oder bei der Konfrontation mit dem bestimmten Objekt entsprechend verängstigt reagieren.

Pferden fällt aber auch sehr schnell auf, dass sie sich ein bestimmtes Objekt oder eine unangenehme Situation durch Scheuen oder Weglaufen „vom Leib halten" können.

Reagiert der Mensch sehr mitfühlend für die Angst des Pferdes (vielleicht, weil er sich unbewusst für seine eigenen Ängste mehr Feingefühl wünscht) und bringt es sofort auf Abstand zum „gefährlichen" Gegenstand, wertet das Pferd dieses Verhalten als **Belohnung**. Es lernt bei dieser Vorgehensweise, dass Angstreaktionen richtig sind, da es sofort aus der Situation entlassen wurde.

Was ist also zu tun?

Sowohl bei (scheinbar) blitzartig auftretender Panik als auch bei schleichenden Angstprozessen oder chronischen Verläufen muss das Pferd einem **Check beim Tierarzt** unterzogen werden. Angst kann auch ein **Hinweis auf unerkannte Schmerzen** oder den **Verlust eines Sinnesorgans** sein. Ein Pferd, das Sehkraft verloren hat und seine Umgebung anders und ungenauer als gewohnt wahrnimmt, fühlt sich angreifbar. Als Fluchttier wird es lieber einmal zu viel zur Seite springen, als sich selbst in Gefahr zu bringen.

Ist das Pferd gesund und der Angsterreger ist erkannt (z. B. Planen), dann sollte ein **langsamer Gewöhnungsprozess** beginnen. Für alle korrekt ausgeführten Habituationsvorgänge wird **viel Zeit** und **Ruhe** benötigt. Da eine **Reizüberflutung** (*flooding*) schädigend sein kann, sollte auf diese verzichtet werden. Ein Pferd übermäßig mit allem zu konfrontieren, was ihm Angst bereitet, damit es schnell wieder „nutzbar" ist, **klappt nie**. Schnelle Lösungen für ein „versagendes Sportgerät" existieren nicht.

Zeit sollte keine Rolle spielen.

Vielmehr geht es darum, die Grenzen des Pferdes kennenzulernen und Vertrauen aufzubauen. Dies sollte als Chance zur Beziehungsfestigung gesehen werden, denn in extremen Stresssituationen kann das Pferdegehirn nicht lernen. Die Angst verstärkt sich. Lernprozesse sind aber der Schlüssel zu positiven Veränderungen. Das **Ziel** ist ein lernendes Pferd, welches erfährt, dass die „gefährliche" Situation zu **bewältigen** ist – ja sogar seelische Entlastung und Begeisterung hervorrufen kann.

Fallbeispiel:
Eine Pferdepflegerin berichtete mir folgenden Vorfall: „Die Stute einer Einstellerin steht bei uns auf der Rentnerwiese. Sie ist wirklich ein nettes Pferd und noch ganz schön fit und vital für ihre 28 Jahre. Dreimal wöchentlich wird sie noch geritten. Ich kenne sie seit fast 15 Jahren und sie war immer unauffällig und sehr entspannt. Letzte Woche hat sie sich plötzlich – für sie völlig untypisch – entsetzlich erschrocken, als wir das Heu auf die Wiese brachten. Vor drei Tagen beim Hufschmied das gleiche Spiel. Auch ihre Reitbeteiligung berichtete, dass sie gestern beim gemütlichen Ausritt ständig aufschreckte, obwohl gar nichts Schlimmes passiert war!"

Problemanalyse:
Die Stute musste dringend einem Tierarzt vorgeführt werden. Das plötzliche und für sie untypische Erschrecken war ein Hinweis auf Schmerzen. Der Verlust des bevorstehenden Augenlichtes auf einem Auge konnte verhindert werden. Weil sie sich unsicher fühlte, erschrak sie in unterschiedlichen Situationen.

In vielen Fällen lässt sich die Panik eines Pferdes allerdings nicht auf Krankheiten zurückführen. Meistens hat ein ungünstiger Lernprozess stattgefunden, der „umgekehrt" werden sollte, um Mensch und Tier das Leben zu erleichtern.

Formen des Angstverhaltens

Für das Flucht- und Beutetier Pferd ist es völlig normal, wenn es Angst vor engen Räumen hat. Für ein Fluchttier kann es tödlich sein, in die Enge getrieben zu werden und damit keine Fluchtmöglichkeit zu haben. Zu diesen angeborenen Mustern bzw. Schutzmechanismen gehören auch die Angst vor:

- Sattel,
- Decken,
- Strick und Halfter,
- Planen,
- Plastiktüten,
- engen, dunklen Ställen,
- schmalen Türen,
- dem Hufe geben (die Flucht ist erschwert),
- dem Alleinsein usw.

Aus der Sicht des Menschen erscheint das Verhalten eines Pferdes manchmal unnötig, übertrieben und dumm.

Pferde sehen die Welt aber mit anderen Augen als wir.

Es ist die Aufgabe des Menschen sich in die Tiere hineinzuversetzen und zu verstehen, was sie brauchen, damit sie Vertrauen fassen.

Es geht darum, dem Pferd beizubringen, dass es sich in einer **ungefährlichen Situation** befindet, wenn es beispielsweise über eine Plane geht oder von der Herde getrennt wird. Jedes Pferd sollte die Chance bekommen Situationen üben zu dürfen.

Fallbeispiel:

Die Araberstute „Arabesque“ war laut Besitzer und Züchter ein „widerspenstiges Teufelsweib“! „Wir sind Sportler und halten Sportpferde, die Leistung bringen müssen. Darum züchten wir Pferde, die erfolgreich Rennen gehen sollen. Wir haben uns auf Araber spezialisiert, weil diese sehr schnell laufen und aus unseren Linien sind schon Spitzenpferde hervorgegangen. Arabesque ist ein solches Pferd. Sie läuft wie der Teufel – benimmt sich aber auch leider so!" Der Züchter führte mir eine aufgeregte und schnaubende Fuchsstute vor. Sie wirkte extrem angespannt und beobachtete ihre Umgebung mit Argusaugen. Jeder kleine Windstoß brachte sie in Rage und ließ sie zur Seite springen. „Sie sehen ja, wie schwierig sie ist. Wir haben sie seit ihrer Geburt zur Vorbereitung auf den Leistungssport mit allem konfrontiert, was uns eingefallen ist, damit sie später auf Turnieren ein entspanntes Pferd wird und Geld einbringt. Aber sie hat sich zu einem Nervenbündel entwickelt! Das geht so nicht! Da sie schon etliche Personen schwer verletzt hat, bleibt für uns nur der Schlachter, wenn sich nicht sofort etwas ändert!"

Problemanalyse:

Der Züchter hatte die Stute maßlos konfrontiert. Er hat sie einer ständigen Reizüberflutung (flooding) ausgesetzt. In solchen radikalen Stresssituationen kann das Pferdegehirn nicht lernen, sondern schaltet auf „Überlebensmodus". Bewältigungsstrategien konnte die Stute nie entwickeln. Nur eine langsame und schrittweise Gewöhnung mit viel Lob und Bestätigung konnte über einen Zeitraum von sechs Monaten langsam Abhilfe schaffen. An Sport und Leistungsdruck war nicht mehr zu denken. Kleine Schritte führten dazu, dass die Stute lernte, dass „gefährliche" Situationen zu bewältigen sind. Sie wird heute in der Zucht eingesetzt und macht sich in der Herde hervorragend als Vorbild für andere Pferde. Sie ist in ihrem Leben kein einziges Rennen gelaufen.

Kleben

Viele Pferde reagieren auf die kurzfristige Trennung von ihren Artgenossen mit sog. „Kleben“. Diese Pferde erfahren bei einer Isolierung (z. B. wenn sie von der Weide geholt werden) **starken Stress**, da der Kontakt zu den Mitgliedern der Familiengemeinschaft abgebrochen ist. Betroffene Pferde weigern sich ihren Besitzern zu folgen und bekunden sehr deutlich, dass sie in der Herde bleiben wollen. Häufig werden sie nicht müde bei einer Trennung (vor allem dann, wenn die anderen Pferde außerhalb der Sichtweite sind) lautstark nach ihren Artgenossen zu rufen. Nicht selten geht der Puls hoch und die Pferde sind enorm angespannt, unkonzentriert und schwitzen auch stark. Bei dieser Reaktion des Pferdes handelt es sich um **Angst** und **nicht** – wie oft angenommen – um **bewusstes Ärgern**. Klebende Pferde haben die große Besorgnis, dass sie langfristig von ihren Sozialpartnern getrennt werden. Ein langsames und bedächtig aufgebautes **Trennungstraining** kann einem klebenden Pferd Hilfe leisten, sein Problem zu überwinden. Nur in kleinen Schritten können Pferde lernen, dass sie auch getrennt von ihren Artgenossen unversehrt bleiben. Jede Anforderung an den Kleber sollte bei dem Training in eindeutige Phasen unterteilt werden.

Tritt bei einer Einheit ein plötzliches Problem (z. B. Überreaktion) auf, so sollte ein Schritt zurückgegangen werden. Das Pferd zeigt durch sein unerwünschtes Verhalten, dass es gestresst und überlastet ist.

Und so wird vorgegangen:

Zunächst wird das konkrete Problem identifiziert:

- An wem hängt bzw. klebt das Pferd besonders stark?
- In welchen Situationen ist eine Trennung sehr tragisch?
- Existieren Umstände, die dem Kleber die Isolierung erleichtern?
- Kleben die anderen Herdenmitglieder auch?
- Wenn ja, welche Tiere genau und wie äußert sich dies?

Sind die angeführten Fragen beantwortet, kann mit der Gewöhnung in folgender Reihenfolge begonnen werden:

Trainingsablauf:

1. Schritt: Kurze Trennungen

Am Anfang werden viele sehr kurze Trennungen provoziert. Der Sozialpartner braucht anfänglich nicht notwendigerweise außer Sichtweite sein. Jeder gelöste Schritt, der eine Entfernung von dem geliebten Pferdefreund bedeutet, geht in die richtige Richtung. Wenn mehrere Orte (z. B. Wegkreuzungen, Reithalle, Paddock) existieren, an denen die Trennungsangst auftritt, dann wird einleitend der Ort aufgesucht, an dem die Angst noch sehr schwach ist. Diese langsame Vorgehensweise verspricht bessere Erfolge zu erzielen, denn starker Stress wird vermieden.

2. Schritt: Belohnung für erwünschtes Verhalten

Jedes auch noch so kleine Anzeichen für einen Entspannungsversuch wird sofort (innerhalb von drei Sekunden) belohnt. Entweder durch ein stimmliches Lob (z. B. „BRAV“), durch kurzes Streicheln oder eine Pause und später natürlich durch die Rückkehr zu den vermissten Artgenossen. So lernt das Pferd, dass Trennungen nicht ewig dauern.

3. Schritt: Wiederholung der Übung

Damit eine Gewöhnung einsetzt und die Erkenntnis beim Pferd wächst, dass nichts Schlimmes passiert, müssen die kurzen Trennungssituationen wiederholt werden. Die Zeitspannen der Trennungen müssen individuell an das jeweilige Pferd angepasst werden. In ihrem Lerntempo und ihrer Entspannungsfähigkeit unterscheiden sich Pferde nämlich erheblich. Das Pferd muss genau beobachtet und korrekt eingeschätzt werden.

4. Schritt: Bewusste Wechsel einbauen

Für eine dauerhafte Problemlösung ist es wichtig, dass **alle** klebenden Pferde abwechselnd einer Trennung ausgesetzt werden. Nur so ist ein gemeinsamer Lernerfolg erreichbar. Alle Kleber werden nach und nach von der Weide/Paddock oder der Boxengassen weggeführt.

Jedes beteiligte Pferd hat die Gelegenheit verdient, zu erleben, dass es keinerlei Schaden nimmt – egal, ob es auf der Weide wartet oder von der Herde abgesondert wird.

Zum Schluss einer Trainingseinheit finden alle Familienmitglieder wieder zusammen. Dies lässt die Erkenntnis bei den Tieren wachsen, dass am Ende „alles gut“ wird.

5. Schritt: Variation der Örtlichkeiten

Allmählich sollte jeder Ort, der Schwierigkeiten hervorruft, auf die beschrieben Weise „bearbeitet“ werden. Durch graduell aufgebaute Trainingsphasen lernt das Pferd, dass es auch ohne den Schutz durch die Gruppe unbeschädigt bleibt.

Was unbedingt berücksichtig werden sollte:

Wenn das Pferd sehr laut nach den Kumpels brüllt, dann ist es überfordert. Es wird einen Schritt zurückgegangen und die Distanz verringert, bis wieder Entspannung eintritt. Es folgt ein Lob.

Manchmal lassen sich Kleber sehr gut von ihrer Herde trennen, machen aber große Schwierigkeiten **unter dem Reiter**. Diese Pferde brüllen dann unentwegt nach ihren Artgenossen und sind nicht bereit, mitzuarbeiten. Sowohl für den Reiter als auch für das Pferd (ggf. auch für andere Reiter, die sich ebenfalls in der Halle befinden) eine nervige und belastende Situation.

So wird einem solchen Fall vorgegangen:

Spezialfall: Trennung unter dem Reiter

1. Schritt

Beginnend wird das klebende Pferd von Koppel, Paddock oder Boxengasse weggeritten. Sichtkontakt zu den Artgenossen darf hier noch gegeben sein.

2. Schritt

Erst wenn Schritt 1 entkrampft abläuft, kann in einem weiteren Schritt die Reichweite vergrößert werden, indem die Halle oder der Außenplatz aufgesucht werden. Der Pferdefreund sollte hierbei anwesend sein, damit er dem Kleber Sicherheit vermittelt.

3. Schritt

Der Kumpel wird jetzt mehrmals kurzzeitig weggeführt und wiedergebracht. Wenn dies gut klappt, dann wird gewechselt: Jetzt wird der Kleber immer wieder weg- und hereingeritten. Der Kumpel wartet solange an Ort und Stelle.

Klebende Pferde erleben starken Stress und können für ihre Besitzer und Reiter eine Belastung darstellen. Häufig überträgt sich die Angst des Pferdes und der Reiter wird unsicher. Das Pferd fühlt sich in seiner Gefahrenannahme bestätigt.

Ziel dieses Trainings ist ein entspanntes Pferd, das konzentrationsfähig und lernbereit bleibt. Bei einem sensiblen Trainingsablauf, der dem Pferd ermöglicht, sich **langsam** an die Trennung zu gewöhnen, wird der Vierbeiner seine Angst vor dem Alleinsein verlieren, denn er weiß, dass er nach getaner Arbeit zurück zu seiner Herde kommt. Zudem lernt der ehemalige Kleber, dass er seinem Menschen vertrauen kann, denn dieser präsentiert sich als fairer und gelassener Partner.

Fallbeispiel:

Der Hannoveraner Wallach „Watson" machte seiner Besitzerin große Sorgen: „Watson ist neuerdings ein Kleber. Sobald wir in der Halle sind, ruft er unentwegt nach einer bestimmten Stute, die mit ihm im Offenstall steht. Er ist schrecklich verliebt und benimmt sich erst so, seit sie vor zwei Monaten in unseren Stall gekommen ist. Ich kann ihn problemlos von der Weide holen, aber, sobald wir die Reithalle betreten und ich aufsteige, geht das Theater los. Ich habe mittlerweile Angst vor ihm, weil er viel größer ist als ich. Ich habe ihn eigentlich immer als liebevollen Riesen wahrgenommen, aber jetzt konzentriert er sich gar nicht mehr und ich habe Angst runterzufallen. Also habe ich ein Anti-Klebe-Training durchgeführt. Seit Wochen versuche ich ihn in der Halle zu beschäftigen und ihm die Angst vor dem Alleinsein zu nehmen. Vergeblich habe ich auf eine Situation gewartet, ihn loben zu können. Diese blieb bislang aus!"

Problemanalyse:

Einen wichtigen Zwischenschritt hatte die Besitzerin von Watson ausgelassen: Anfänglich sollte die Stute ebenfalls mit in der Halle sein und dann mehrmals kurzzeitig weggeführt und wiedergebracht werden. Danach erfolgt ein Wechsel: Der Wallach wird weg- und wieder hereingeritten. Die Gewöhnung an die Trennung muss langsam erfolgen.

Die Verbindung zwischen schrittweiser Gewöhnung und korrektem Timing sorgte innerhalb von einer Woche für einen entspannten Wallach, der gelernt hatte, dass es ungefährlich ist zeitweise alleine zu sein. Die Arbeit mit seiner Besitzerin macht ihm heute Spaß – auch längere Ausritte sind unproblematisch.

Angst vor Gegenständen

Das Fluchttier Pferd zeigt vor vielen **unbekannten Gegenständen Angst**. Fahnen, Plastiktüten, Bälle, Planen und andere sich bewegende Objekte oder Geräusche können **Stresszustände** auslösen. Das Miteinander zwischen Pferd und Halter kann hierdurch stark gestört werden und der Beziehung schaden, weil der Besitzer überfordert ist und selber Angst (oder sogar Wut) entwickelt. Darum ist es ganz entscheidend, einen Trainingsplan zu erarbeiten, der dem Pferd Schritt für Schritt die Angst vor einem Gegenstand (z. B. Plane, Flagge/Fahne oder Sprühflasche) nimmt.

Hilfsmittel und Vorbereitung:

Jedes Training wird **phasenweise** aufgebaut und jede Einheit mit einer für das Pferd **positiven Erfahrung** beendet. Entscheidend ist dabei die **behutsame Auseinandersetzung** mit dem gefürchteten Gegenstand. Jeder Versuch des Pferdes das „Schreckensobjekt“ zu tolerieren, muss **belohnt** werden. Es ist wichtig, dem Pferd zu vermitteln, dass es sich die Gegenstände, die ihm gezeigt werden, bedenkenlos ansehen kann, damit die Flucht keine zwingende Wahlmöglichkeit mehr ist. Im Rahmen dieses Lernvorgangs wird das Pferd Zutrauen zu seinem Menschen aufbauen, da dieser sich als glaubwürdiger Partner präsentiert. Akzeptiert das Pferd dann erstmalig einen unbekannten Gegenstand (z. B. eine flatternde Fahne) in seiner unmittelbaren Nähe, dann ist dies leider meistens noch kein langfristiger Lernerfolg.

Pferde abstrahieren im
Vergleich zum Menschen nicht.

Vielmehr ist ein **dauerhaftes, konsequentes** und **empathisches** Training entscheidend.

So wird dabei konkret vorgegangen:

Trainingsablauf (am Beispiel einer Fahne/Flagge)

1. Schritt

Das Pferd wird locker an einem längeren Strick gehalten und in die andere freie Hand eine flatternde Fahne oder eine Flagge genommen. Reagiert das Pferd selbst beim Anblick des knisternden Gegenstands mit Angst, dann darf es ruhig etwas zur Seite springen und ausweichen, wobei die Fahne der Bewegung des Pferdes folgt (ohne das Pferd zu berühren).

2. Schritt

Sobald das Pferd auch nur tendenziell die Annäherung des Objekts zulässt, wird die Fahne zur Seite genommen und dem Pferd zur Belohnung etwas Ruhe gegönnt.

3. Schritt

Der Ausbilder nähert sich langsam weiter mit der Fahne in Richtung des Pferdes und belohnt es unmittelbar, wenn es dieses Herankommen zulässt.

4. Schritt

Wiederholen, wiederholen, wiederholen! Loben, loben, loben!

5. Schritt

1 Woche lang **täglich** eine Lerneinheit von ca. **5-15 Minuten** durchführen.

6. Schritt

Die **Örtlichkeit** und **Größe** sowie **Farbe** der Fahne müssen variiert werden. Das Pferd sollte sich jetzt mit allen fahnenartigen Gegenständen (z. B. einer Plastiktüte) an allen Stellen seines Körpers berühren lassen.

Was unbedingt berücksichtigt werden sollte:

- **Wenn das Pferd sehr stark zur Seite springt und sich erschreckt**: Der Ausbilder ist zu früh zu nah herangegangen. Die Fahne muss weiter weg gehalten werden. Das Pferd muss zeitnah gelobt werden, sobald es die Fahne akzeptiert und ruhig bleibt.
- **Wenn das Pferd sich an einer bestimmten Stelle nicht berühren lässt**: Es muss zurück zu Schritt 1 gegangen werden. Wie beschrieben, sollte langsam gearbeitet werden.
- **Wenn das Pferd einen anderen Gegenstand nicht zulässt**: Mit diesem Gegenstand muss dasselbe Training von vorne durchgeführt werden und vermehrt darauf geachtet werden, dass Örtlichkeit, Farbe und Form des Objekts verändert werden.

Fallbeispiel:

Die Stute „Lucy" zeigte schreckliche Angst vor Planen. Ihre Besitzer haben ein Gewöhnungstraining durchgeführt. Dies blieb aber ohne Erfolg: „Alleine der Anblick einer Plane bringt Lucy völlig auf die Palme. Wir sind ganz langsam vorgegangen und haben uns große Mühe gegeben, sie sofort zu loben, wenn sie sich auch nur ein bisschen entspannt hat. Das klappte zunächst gut, aber bei beinahe jeder Trainingseinheit ist sie zum Schluss doch noch mal ausgeflippt. Um sie nicht weiter zu beunruhigen, haben wir sie zur Entlastung dann in den Stall gebracht. Die Mitte des Trainings war ja auch immer ganz gut. Leider beginnt die nächste Trainingseinheit dann häufig noch schlimmer, als die vorherige! Warum lernt sie nicht? Oder machen wir etwas falsch?"

Problemanalyse:

Jede Trainingseinheit sollte mit einer für das Pferd positiven Erfahrung beendet werden. Weil dies nicht berücksichtigt wurde, begann die darauffolgende Einheit umso komplizierter. Wir haben das gemeinsam verändert und Lucy freute sich mehr und mehr auf das Training. Am Ende jeder Einheit wurde Lucy für ihr erwünschtes Verhalten ausgiebig gelobt. Auf diese Weise konnte sie entspannt auf die Weide entlassen werden. Ihre Einstellung zum gemeinsamen Weg mit ihren Besitzern wurde sichtlich positiver. Das Vertrauensverhältnis ist heute sehr innig.

Insgesamt sollte der furchtsame Vierbeiner **kleinschrittig** an angstbesetzte Objekte gewöhnt werden. Bei korrekter Vorgehensweise sind bisweilen schnell erste Fortschritte erreichbar. Dies gelingt aber nur, wenn der Ausbilder **geduldig** vorgeht. Das Pferd darf ruhig anfänglich zur Seite hüpfen und erfahren, dass es Raum hat und nicht noch mehr in Panik geraten muss. Es ist wichtig, dass dem Pferd die

Möglichkeit gegeben wird, selbst herauszufinden, dass der mit Angst besetzte Gegenstand gar nicht bedrohlich ist. Dann wird es dies in seiner eigenen Geschwindigkeit selbst erfahren wollen. Alles Lernen, das auf einer eigenen Erfahrung beruht, ist immer durchgreifender als alles, was von außen aufgezwungen wird.

Irgendwann wird das wissbegierige Interesse des Pferdes immer wieder über die Panik siegen. Besonders dann, wenn es erlebt, dass es durch **autonome Annäherung** an das „Schreckensobjekt" keinen Schaden nimmt. Dieser **Belohnungseffekt** führt zu der Gewissheit, auch schwierige Situationen meistern zu können.

Pferde sind extrem neugierig. Zwar haben sie vor allem Neuen zunächst Angst, aber ihre Verspieltheit sorgt häufig dafür, dass sie aufmerksam werden und sich in ihrem Tempo auseinandersetzen wollen.

Fallbeispiel:

Eine Pferdebesitzerin kontaktierte mich und erzählte mir ausführlich von ihrem neuerworbenen Wallach, der sie und ihren Mann ganz schön auf Trapp hält: „Wissen Sie, wir sind seit ein paar Jahren beide Rentner und unsere zwei Pferde sind das Einzige, was wir haben. So kommen wir jeden Tag raus und bleiben in Bewegung. Als wir letztes Jahr unseren geliebten Wallach erlösen mussten, haben wir uns nach der Trauerzeit einen Neuen zugelegt. Wir haben uns gleich verliebt und unser anderer Wallach war so alleine nach dem Todesfall. Also sollte er Gesellschaft bekommen. Unsere Pferde sind nämlich unsere Babys! Aber der neue Wallach ist so gar nicht wie unser verstorbenes Pferd! Er hat vor allem schreckliche Angst, springt ständig zur Seite und will weglaufen. Er scheut vor Fahnen, Planen, Traktoren und vielem mehr. Ich habe sogar den Eindruck, dass es schlimmer wird. Und dass, obwohl ich ihn vor allem zu schützen versuche und ihn auch sofort aus der Situation hole. Immerhin soll er sich nicht aufregen. Das bringt ja nichts!“

Problemanalyse:

Der Wallach hatte gelernt, dass, wenn er sich aufregt, er sofort aus der unangenehmen Situation entlassen wird. Die Dame war zu verständnisvoll zu ihrem neuen Pferd. Indem sie ihn auf Abstand zu den „gefährlichen“ Objekten brachte, belohnte sie sein panisches Verhalten. Eine allmähliche Konfrontationstherapie mit allem, was ihm Angst bereitete, haben wir im Anschluss gemeinsam durchgeführt. Langsam gewöhnte sich der Wallach an alles Unbekannte. Auch das Ehepaar lernte, dass überfürsorgliches Verhalten dazu führt, dass Pferde davon überzeugt sind, eine Flucht sei das erste Mittel der Wahl.

Platzangst

Angst vor engen Räumen und Begrenzungen gehört zum **natürlichen Verhaltensrepertoire** des Pferdes. Allerdings können Pferde auch lernen, dass sie unbeschädigt bleiben, wenn sie Engpässe bzw. begrenzte Durchgänge passieren. Hier macht die Übung zum Meister.

Hilfsmittel und Vorbereitung:

Aus Strohballen oder Stangen wird eine Gasse gebildet. Der Abstand dazwischen darf zu Anfang noch großzügig ausfallen. Es muss unbedingt darauf geachtet werden, dass das Pferd an keiner Stelle hängen bleiben kann oder sich verletzen könnte.

Trainingsablauf:

1. Schritt

Der Ausbilder steht neben einer Stange mit Front zum Pferd.

2. Schritt

Das Pferd wird mithilfe des ausgestreckten Armes oder mit Hilfe eines kreisenden Seilendes durch die Gasse geschickt. Ist das Pferd dann **erstmalig** durch den „riskanten" Engpass hindurchgegangen, sollte **ausgiebiges Loben** erfolgen. Jeder kleine Schritt in die richtige Richtung sollte positiv verstärkt werden.

3. Schritt

Der Ausbilder folgt der Bewegungsrichtung des Pferdes.

4. Schritt

Die Übung wird mehrmals wiederholt. Der Durchgang kann jetzt **schrittweise verengt** werden.

5. Schritt

Es muss von **beiden Seiten** geübt werden, damit das Pferd seine Scheu verliert. Wenn beide Seiten erfolgreich gemeistert wurden, sollte das Hindernis an **anderen Orten** aufgebaut werden, damit sich die Furchtlosigkeit des Pferdes nicht nur auf einen Standort begrenzt.

Wenn diese Übung gut klappt, dann kann eine weitere Übung vorgenommen werden, die in ihrem Schwierigkeitsgrad etwas höher ist.

Abwandlung der Übung:

1. Schritt

Es wird ein Engpass zwischen dem Ausbilder und einer Wand gebildet. Die Aufgabe des Pferdes ist das Hindurchlaufen zwischen Mensch und Wand.

2. Schritt

Das Pferd wird durch den Engpass longiert. Die Arme oder das kreisende Seilende dienen als Signalhilfe.

3. Schritt

Der Abstand zur Wand wird schrittweise verkleinert.

Pferde lernen bei diesem Vorgehen sehr schnell, dass ihnen nichts passiert. Die Übung kann häufig trainiert werden. Sie kann als Vorübung zum Verladen sehr sinnvoll sein.

Positive Ansprache und „gutes Zureden“ als Motivation zum richtigen Zeitpunkt können einem Pferd viel Sicherheit geben. Auf Leckerlis sollte allerdings verzichtet werden.

Anbindepanik

Die Panik von Pferden angebunden zu werden, liegt in der Natur des Fluchttieres. Sie sind auf eine **Rundumsicht** und **Bewegungsfreiheit** angewiesen. Für viele Pferde ist das Anbinden daher eine sehr schwierige Aufgabe. Ruhig stehen zu können, ist aber wichtig für jedes Pferd, das sich in menschlicher Obhut befindet – spätestens, wenn der Hufschmied kommt oder ein Klinikbesuch notwendig ist und das Pferd für den Transport verladen werden muss.
Je **höher** ein Pferd **im Blut steht**, je **weniger Bewegung** es hat und je **jünger** es ist, desto impulsiver fallen seine Reaktionen beim Anbinden aus. Auch verstärkt sich der Stress am Anbinder auffallend, wenn das Pferd in einer vergangenen Situation, in der es angebunden war, Panik erlebte und nicht flüchten konnte.

Ein Pferd wird **immer unter Aufsicht** angebunden. Die Verletzungsgefahr ist ansonsten viel zu groß.

Ziel des Anbindetrainings: Das Pferd lernt ruhig und entspannt angebunden an einer Vorrichtung zu stehen. Hierbei sollte keinesfalls der Strick reißen oder ein morscher Anbindebalken brechen. Auch sollte ein Pferd nicht aus Mitgefühl losgebunden werden, wenn es sich ins Halfter hängt und wehrt.

Auf ruhiges Stehen folgt eine ausgiebige Streicheleinheit. Das Pferd assoziiert das Angebundensein auf diese Weise mit viel positiver Aufmerksamkeit. Das Lernen fällt so leichter. Losgebunden wird es aber erst, wenn es ruhig und gelassen steht.

Trainingsablauf:

1. Schritt

Zuerst wird das **freie Stehen** (also unangebunden) in einer sicheren und ruhigen Umgebung geübt. Bei jedem noch so kleinen erwünschten Verhalten (das Pferd verhält sich ruhig) wird mit **Lob/Belohnung** gearbeitet.

2. Schritt

Wenn Schritt 1 gut klappt, dann wird der Vierbeiner mit **durchlaufender Longe** angebunden. Die Longe ist länger als ein Strick und ermöglicht dem Pferd dadurch mehr Bewegungsfreiheit. Wenn es sich drehen und bewegen möchte, dann kann das zugelassen werden. Jedes erwünschte Verhalten (kurzes, ruhiges, konzentriertes Stehen) wird wieder ausführlich gelobt (z. B. auch durch eine Pause).

3. Schritt

Anfangs werden nur einige Momente mit dem Pferd geübt. **Langsam** wird der Zeitraum gesteigert. Mehrere Tage lang wird für ca. **5 Minuten** trainiert. Dann wird allmählich auf **10 Minuten** usw. erhöht.

4. Schritt

Wenn das Pferd sich deutlich besser entspannen kann, weil es verstanden hat, dass das Angebundensein kein Problem ist, dann kann die ruhige Umgebung mit ihm verlassen werden. Jetzt darf es an einer Stelle angebunden werden, an der es das Treiben auf dem Hof beobachten kann. Die stärkt seine Fähigkeit zur Selbstkontrolle.

Was unbedingt berücksichtigt werden sollte:

- **Wenn das Pferd sehr ängstlich ist**: Es wird vorab in einer angenehmen Situation angebunden. Erst wenn dieser Vorgang unkompliziert verläuft, kann die Örtlichkeit gewechselt werden.
- Es kann eine wertvolle Unterstützung für das ängstliche Pferd sein, wenn es **zwischen zwei entspannten und ruhigen Pferden** steht. Der Abstand sollte allerdings groß genug sein, damit sich die Panik nicht überträgt, sondern das ängstliche Pferd seine Artgenossen in ihrer Besonnenheit nachahmt.

Grundsätzlich gilt für das Training:

Bei wirklicher Panik hilft keine Strafe.

Jedwede Form der Bestrafung (Schreien, Schlagen, Drohen) verstärkt die Angst und ist nicht dazu geeignet, instinktives Verhalten zu unterbinden. Zerreißt ein Pferd allerdings **mutwillig** das Halfter, hängt sich auf oder schmeißt sich mit seinem Körpergewicht nach hinten, dann kann ein **deftiger Schlag** auf die **Kruppe** sinnvoll sein, bevor ernsthafte Verletzungen entstehen.

Durch ein korrekt durchgeführtes Anbindetraining lernen Pferde **Geduld**, **Selbstkontrolle** und **Besonnenheit**. Der Fluchtinstinkt reduziert sich merklich und aus dem ängstlichen Vierbeiner entwickelt sich ein entspannter Zeitgenosse, der bereit ist, willig zu folgen und eine vertrauensvolle Partnerschaft zum Menschen einzugehen.

Auch aus einem anfänglich sehr panischen Pferd kann ein verlässlicher Freund werden. Der Umgang und die Trainingsbedingungen entscheiden über die Entwicklung des Pferdes.

Fallbeispiel:

Der Wallach eines Pärchens ließ sich partout nicht anbinden. „Wir haben wirklich alles versucht! Wir haben uns sogar ein Buch über Angst bei Pferden gekauft und sind Schritt für Schritt vorgegangen. Unser Pferd ist wirklich das Netteste auf der Welt, aber angebunden zu sein, kann er nicht ertragen!" Ich ließ mir das Training des Paares genau vorführen und stellte fest, dass sowohl ihr Belohnungstiming, als auch der Gebrauch von Strick/Longe einwandfrei war. Auch zeigten sich beide sehr gelassen und blieben ruhig. Der Wallach hingegen wehrte sich und schien seine Panik momentan mit konventionellen Methoden nicht überwinden zu können.

Problemanalyse:

Manchmal ist ein bisschen Kreativität gefragt: Da die Besitzer ihr Pferd liebevoll als „verfressen" bezeichneten, haben wir ihn zu einer leckeren Mahlzeit in der Box angebunden. Das Futter war für ihn deutlich interessanter als die Tatsache nicht weglaufen zu können. In einem weiteren Schritt übten wir das freie Stehen in einer sicheren Umgebung außerhalb der Box. Wir verwendeten dafür eine durchlaufende Longe. Der Wallach reagierte panisch und warf sich nach hinten. Ich gab nach und er lief die gesamte Gasse rückwärts, bis er durch eine angrenzende Wand daran gehindert wurde. Das machte er drei Mal. Danach blieb er stehen – allerdings immer noch etwas angespannt. Also bekam er Gesellschaft: Wir banden zwei erfahrene und ruhige Pferde direkt daneben an. Die Gelassenheit der beiden anderen übertrug sich auf ihn. Nach und nach konnte er sich entspannen – auch alleine. Bis heute hat es keine weiteren Schwierigkeiten mehr gegeben.

Verladen

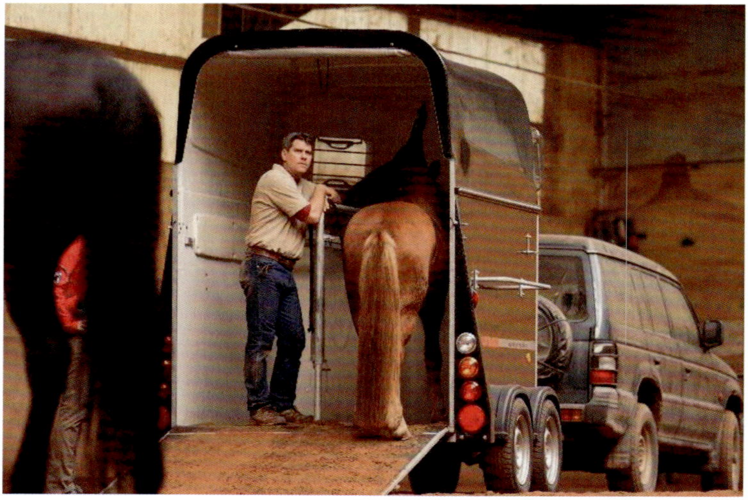

Viele Pferde haben anfänglich Angst in einen Hänger zu gehen. Denn auch der Hänger ist ein Engpass und eine Begrenzung, die als beängstigend empfunden wird. Dieses Verhalten ist **Instinktprogramm**.

Ein Pferd, das nicht in den Hänger geht, versucht nicht seinen Besitzer zu verärgern oder bewusst zu bestrafen. Vielmehr ist das Verhalten natürlich und zeigt zudem davon, dass das Vertrauensverhältnis nicht sehr stark ausgeprägt ist. Auch **schlechte Erfahrungen** des Pferdes beim Verladen sorgen dafür, dass der Vierbeiner sich weigert. Leider lassen sich immer noch viele Menschen auf einen Machtkampf mit ihren Pferden ein. Frei nach dem Motto: Mal gucken, wer der Stärkere ist. Eine solche Vorgehensweise verstehen Pferde nicht. Wer versucht zu dominieren, zeigt dem Pferd auch automatisch seine eigene Schwäche. Das hat wiederum einen weiteren Vertrauensverlust zur

Folge. Außerdem wird bei einem Tauziehen mit dem Pferd eine große Verletzungsgefahr auf beiden Seiten riskiert. Meistens siegt zudem das 600 Kilogramm schwere Pferd und hat gelernt, dass es unangenehme Situationen durch Kräftemessen „gewinnen“ kann.

Hilfsmittel und Vorbereitung:

Verladen sollte immer mit **absoluter Ruhe** und **Besonnenheit** geübt werden. Es muss für eine **entspannte** und **ruhige Lernumgebung** gesorgt sein. Alle „Schaulustigen“ sollten weggeschickt werden. Nur die Beteiligten bleiben vor Ort. Erfahrungsgemäß reden alle Unbeteiligten rechthaberisch in das Vorhaben rein und bringen alle aus dem Konzept. Es ist wichtig, in diesem Punkt standhaft zu bleiben – auch dann, wenn es unangenehm ist. Für den Trainingserfolg ist Ruhe ausschlaggebend.

Ursachen für problematisches Verladen:

- **Ungewollte Bestrafung**: Versuche des Pferdes einzusteigen werden vom Menschen nicht erkannt unabsichtlich bestraft.
- **Widersprüchliche Anweisungen**: Die Signale des Menschen sind nicht eindeutig. Pferde verstehen nur klare Anweisungen. Zudem sorgen zu viele Anwesende nicht selten für Verwirrung und irritieren den Vierbeiner. Er schaltet auf „stur“, weil er überfordert ist.
- **Falsches Belohnungstiming**: Fehlerhaftes Timing ist der Auslöser für unabsichtliche Belohnung. Gelobt wird erst, wenn das Pferd erwünschtes Verhalten zeigt.
- **Zeitdruck**: Durch Unruhe bleibt das Pferd immer misstrauisch gegenüber dem Verladen. Alleine der Anblick eines Hängers löst in einem solchen Fall die Flucht aus.

- **Fehlendes Einfühlungsvermögen**: Die Zeit, die ein Pferd braucht, um Vertrauen zu fassen, wird ignoriert. Häufig schließen die Besitzer schnell die Hängerklappe, sobald das Pferd eingestiegen ist. Dieser grobe Fehler löst beim Pferd in künftigen Verladesituationen angsterfülltes Herausstürmen aus.

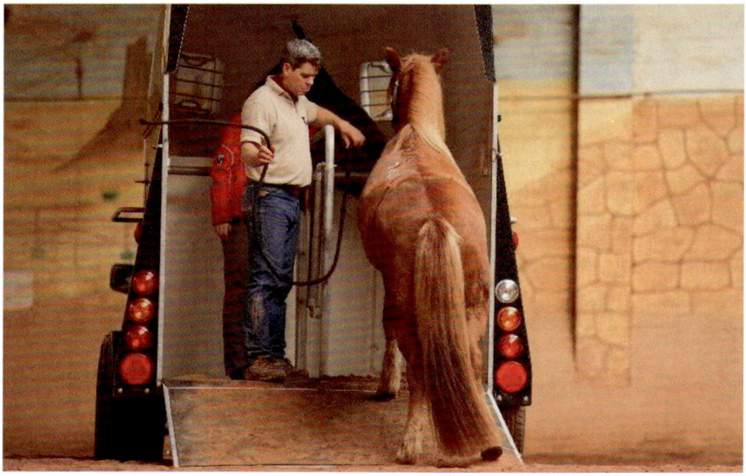

Pferde brauchen Zeit, um sich an die neue Situation zu gewöhnen und Vertrauen zu fassen. Nur eine empathische und konsequente Vorgehensweise gepaart mit korrektem Belohnungstiming führt zu einem dauerhaften Lernerfolg.

Pferde gehen nur dann in einen Hänger, wenn sie auch in diesen hineinschauen können.

Damit das Pferd den Menschen nicht wegdrücken oder gegen ihn laufen kann, sollte das Pferd aus **Sicherheitsgründen dringend auf Abstand** gehalten werden. Sobald das Pferd dann in den Hänger schaut, bekommt es unmittelbar eine Pause als Belohnung. Der Faktor Zeit darf beim Verladen nur eine untergeordnete Rolle spielen. Für Pferde hat sie ohnehin keine Bedeutung.

Fallbeispiel:

Nachdem ich meine Arbeit in einem Reitstall zufriedenstellend erledigt hatte, hörte ich auf dem Weg zu meinem Auto lautes undefinierbares Gebrülle. Das ließ mich nicht los und ich wollte wissen, um was es ging. Ich folgte den Geräuschen und erlebte eine Schar von Personen um ein panisches Pferd herumhüpfen, die offensichtlich einem Verladeversuch nachgingen. Es waren sechs aufgeregte Männer anwesend, die alle um Luft rangen und zwei Frauen, die etwas entfernt im Hintergrund standen. Eine der Frauen weinte bitterlich und wirkte mit der Situation stark überfordert. Ich konnte sie als Besitzerin des Pferdes ausmachen. Unter Tränen berichtete sie: „Meine Stute soll in einen anderen Stall gestellt werden. Wir versuchen seit vier Stunden verzweifelt sie in den Hänger zu bewegen. Aber es funktioniert nicht. Kein Mittel ist ihr recht. Wir müssen aber heute noch dort ankommen!"

Problemanalyse:

Zwei entscheidende Fehler in dieser Verladesituation konnte ich ausmachen:

1) *Widersprüchliche Anweisungen von zu vielen Helfern. Die Stute war irritiert und wusste überhaupt nicht, was sie machen soll.*
2) *Die drängende Zeit machte alle extrem nervös. Die Ungeduld der anwesenden Menschen machte das Pferd zusätzlich panisch.*

So konnte das ja nicht funktionieren. Ich schlug vor, dass nur die Besitzerin und das Pferd dableiben sollen, damit sich alle beruhigen können (vor allem die Stute). Ich versprach, dass ich mein Bestmögliches gebe und die Stute entspannt verlade – eine Zeitspanne war ich nicht bereit anzugeben. Man gab mir die Chance dazu, obwohl ich allen Beteiligten unbekannt war. Offensichtlich war die Verzweiflung groß und alle waren dankbar für eine Ablösung und etwas Abstand. Zunächst lief auch alles nach Plan: Ich longierte die

Stute und lobte sie für jeden Schritt in die richtige Richtung – auch dann, wenn sie nur ihr Gewicht verlagerte. Zu meiner Überraschung reagierte sie sehr schnell und fühlte sich in kürzester Zeit sicher bei mir. Sie kaute wohlig ab und ging die ersten Schritte auf die Rampe. Nach 30 Minuten stand sie dann im Hänger. Ich ließ die Klappe auf und so schnell konnte ich gar nicht gucken, wie alle angerannt kamen und ich plötzlich von fünf oder sechs Männer umzingelt war, die – immer noch hektisch – den Hänger schließen wollten. Ich ignorierte ihr Vorhaben und ließ die Stute wieder rückwärts aus dem Hänger laufen, damit sie sich langsam gewöhnen kann und Vertrauen gewinnt. Das war den Anwesenden zu viel des Guten: Sie rissen mir den Strick aus der Hand, banden der Stute eine Jacke um den Kopf und schlugen mit voller Kraft auf die Kruppe. Völlig panisch stieg die Stute, stieß sich den Kopf an und rutschte blind von der Rampe. Meine Vertrauensarbeit war umsonst. Leider musste ich feststellen, dass ich dem Pferd nicht helfen konnte, weil die beteiligten Menschen eigensinnig und uneinsichtig waren.

So wird es besser gemacht:

Pferde müssen langsam mit einem Hänger vertraut gemacht werden. Wichtig ist, dass die positiven Signale des Pferdes vom Menschen richtig wahrgenommen und gedeutet werden. Die natürliche Neugierde des Pferdes sollte erkannt und gefördert werden.

Mögliche Verladepositionen:

- Der Ausbilder steht **seitlich neben der Rampe** und schickt sein Pferd hinauf.
- Der Ausbilder geht **neben dem Pferd** mit in den Hänger.
- Vor dem Hänger wird das Pferd **longiert**, um es dann hinaufzuschicken.

Die Arbeit an der Longe kann eine sehr wichtige Vorübung sein, die das Verladen später vereinfacht. Der Mensch lernt auf diese Weise mit seinem Pferd besser zu kommunizieren und auch der Vierbeiner begreift schneller, was von ihm erwartet wird.

Trainingsablauf:

1. Schritt:

Der Ausbilder bildet einen Engpass zwischen sich und dem Hänger.

2. Schritt:

Das Pferd wird über die Hängerklappe longiert.

3. Schritt:

Das Pferd wird frontal vor den Hänger geführt. Wahrscheinlich wird es in eine unerwünschte Richtung neben den Hänger ausweichen. Das ist normal. Durch zunächst leichten Druck auf den Strick, sichert sich der Ausbilder die Aufmerksamkeit des Pferdes und weist ihm den Weg zu sich zurück. Jeder Schritt in die richtige Richtung wird unmittelbar durch Lob/Pause belohnt.

4. Schritt:

Obwohl das Pferd irgendwann in den Hänger geht, läuft es meistens auch direkt wieder heraus. Das macht nichts! Der Vorgang wird solange gelassen wiederholt, bis es Vertrauen gefasst hat.

Vorerst wird also nur mit ganz **wenig Druck** gearbeitet, um diesen in seiner Wirkungsstärke **allmählich** zu steigern. So kann sichergestellt werden, dass das Pferd nicht überfordert wird.

Erwünschtes Verhalten wird sofort gelobt.

Auch erste Tendenzen des Pferdes in die richtige Richtung zu gehen werden unmittelbar durch eine kurze Pause oder Kraulen und stimmliches Lob verstärkt. Erste Versuche in den Hänger zu gehen, werden dadurch belohnt, dass das Pferd **wieder zurückgeschickt** wird. Mit diesem **Rückwärtsrichten** wird möglichen Blockaden des Pferdes vorgebeugt. Pferde zeigen sich bei dieser Vorgehensweise oft motiviert und entwickeln einen günstigen Vorwärtsschub, wobei sie zeitgleich das Hinausgehen aus dem Hänger lernen. Mehrmaliges Training an verschiedenen Orten ist wichtig, damit der ängstliche Vierbeiner überhaupt eine Chance hat, dauerhafte Erfolge zu erzielen, und sich auch in Zukunft vertrauensvoll verladen lässt.

Fallbeispiel:

„Wir haben uns in einem angesehenen Zucht- und Ausbildungsbetrieb eine junge Stute zugelegt. Mit unserem Sohn soll sie Turniere gehen. Er ist ein super Reiter und kann sich eine Karriere als Trainer und Turnierreiter sehr gut vorstellen. Also haben wir diese fantastische Stute gekauft. Sie läuft und springt ganz toll. Wir trainieren jetzt seit einigen Monaten und sie hat wirklich viel Talent. Daher haben wir sie und unseren Sohn für ein erstes Turnier gemeldet. Die Kleine ist sofort

in den Hänger gelaufen und wir konnten gleich die Klappe schließen. Das Ganze hat keine zwei Minuten gedauert. Wir waren mächtig stolz, dass sie so unkompliziert ist. Während der Fahrt zum Turnier hat sie zwar einen heftigen Aufstand im Hänger gemacht, aber wir dachten, dass sich das schon noch rauswachsen wird. Sie ist ja noch jung. Beim Turnier angekommen ist sie panisch die Klappe rückwärts wieder runtergelaufen und beinahe gestürzt. Es ist aber alles gut gegangen und das Turnier lief auch ganz erfolgreich. Wirkliche Probleme gab es erst, als sie für den Weg nach Hause zwar zunächst wieder eingestiegen ist, aber sofort wie eine Verrückte wieder herausgelaufen. Was soll das? Sie ist doch fünf Stunden vorher auch einfach reingelaufen und auch dringeblieben?"

Problemanalyse:

Die Stute wurde trotz korrektem Einsteigen nicht wieder zurückgeschickt. Das fehlende Rückwärtsrichten aus dem Hänger löste Blockaden bei ihr aus. Während der Fahrt fühlte sie sich eingesperrt. Auch das Hinausgehen aus dem Hänger hat sie nicht gelernt, darum ist sie beinahe gestürzt. Da sofort die Hängerklappe geschlossen wurde, obwohl die Stute gar nicht wusste, wie ihr geschah, ist sie beim nächsten Verladen wieder herausgestürmt. Durch sehr sanftes und einfühlsames Training mit dem korrekten Timing für Belohnung konnte sie wieder Vertrauen fassen.

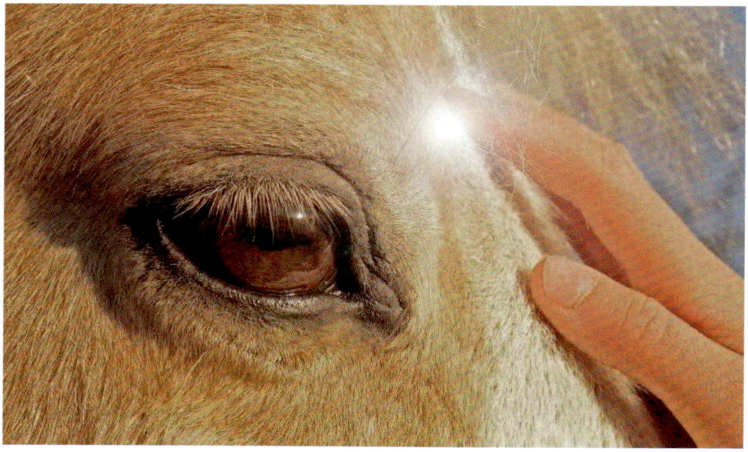

„It´s not about the problem, it´s about the relationship!“
{Pat Parelli}

Abschlussgedanken

Gemeinsame Wege aus der Krise

„Jetzt geht da raus und lernt von Euren Pferden. Versucht es auf ihr Niveau hinaufzuschaffen, statt sie auf Eures herunter zu zerren."
{Ray Hunt}

Ein Pferd ist ein Pferd! Es sieht, hört, riecht und reagiert anders als wir. Darum sollten wir es auch Pferd sein lassen und es nicht aus einem menschlichen Blickwinkel heraus betrachten. Jede Form der Vermenschlichung schadet dem Pferd vielmehr als viele Besitzer bereit sind, sich selbst einzugestehen. Das beginnt schon bei scheinbaren Kleinigkeiten: *Mir ist kalt, also braucht mein Pferd auch mindestens eine warme Decke. Heute Nacht schließe ich dann alle Fenster und Türen, damit es im Stall schön warm ist.*

Diese gut gemeinte Tat schadet dem Pferd erheblich. Zwar fühlt der Mensch sich beruhigt und beglückwünscht sich selbst „die beste Pferdemama der Welt" zu sein, aber Pferde haben eine völlig andere Thermoregulation als wir Menschen. Derartige Verhaltensweisen machen Pferde krank. In diesem Fall bekommt es sicher Atemnot, ggf. eine Erkältung und langfristig Lungen- und Bronchialerkrankungen usw. Selbstverständlich wird dann ein Tierarzt gerufen und die Symptome werden fachgerecht behandelt. Warum das Pferd aber „ständig krank" ist, wird selten hinterfragt. Ähnlich verhält es sich mit psychischen Auffälligkeiten.

Wenn die Seele leidet…

Ist das Pferd auffällig, bockig, kränklich, ängstlich oder aggressiv, dann liegt der Ursprung dieses Verhaltens in vielen Fällen in uns selbst und unserer Einstellung begründet. Projiziert der Mensch unreflektiert seine eigenen Bedürfnisse oder ungelösten Probleme auf seinen Vierbeiner, dann ist das eine Form von Missbrauch, denn das Pferd ist häufig nicht imstande sich angemessen zu wehren. Auch werden die pferdespezifischen Anliegen nicht beachtet oder hinterfragt. Dieser Zustand hat seelische und körperliche Folgen für den Vierbeiner. Eine sicherlich sehr unangenehme Wahrheit, aber ich möchte (muss) noch weitergehen: Nicht selten erlebe ich Pferde, die derart „laut schreien", dass ich kaum glauben kann, dass diese Hilferufe überhört werden können. Meistens stehen mir dann Besitzer gegenüber, die sich eine sehr deutliche Meinung von der Situation gebildet haben: *„Der Gaul ist bekloppt und asozial! Wir machen wirklich alles für dieses Pferd und es ist so undankbar.*" **Undankbar?** Es bleibt doch die Frage offen, für was es eigentlich dankbar sein sollte?! Dafür, dass es nicht gesehen wird oder dafür, dass es gegen seine Natur behandelt wird? Normalerweise wird dann erwartet, dass ich meinen Zauberstab auspacke und das Pferd wieder „normal mache". So läuft das Geschäft aber nicht! An dieser Stelle eine Einsichtsfähigkeit zu erzeugen, die voraussetzt, dass der Besitzer sein eigenes Fehlverhalten begreift, ist eine äußerst ehrgeizige Aufgabe. In vielen Köpfen sind Pferde nämlich immer noch „Nutztiere". Sie werden zahlreich entweder als Sportgeräte gesehen und „entsorgt", wenn sie nicht mehr funktionieren, oder müssen sogar als vermeintlicher „Therapeut" für die eigene seelische Unausgeglichenheit herhalten.

„Ich liebe Pferde, weil sie immer Pferde bleiben wollen,
egal, wie sehr wir sie vermenschlichen."
{Bernd Hackl}

Wie entsteht eine Krise?

Die Frage, warum derart viele „Pferdemenschen“ nicht fähig zu sein scheinen, die Bedürfnisse ihres Pferdes wahrzunehmen, ist recht schnell beantwortet: Sie übertragen, weil sie selbst ungelöste Konflikte haben. Menschen versuchen ständig eigene seelische Belastungen auszubalancieren, indem sie sie auf andere projizieren. Dieser Prozess geschieht natürlich unbewusst. Ein Kreislauf ohne Ausweg? Selbstverständlich nicht, sondern eine Chance. Eine Chance sich selbst (und vergangene ungelöste Probleme) besser zu verstehen. Wer sich für diesen Weg entscheidet, hat es sicherlich nicht leicht und sieht sich auch mit unangenehmen Realitäten über sich selbst konfrontiert, aber er wird auch belohnt; und zwar in doppelter Hinsicht: Er wird sich selbst bedeutend besser fühlen und das Leben unbeschwerter genießen können. Auch hat er zudem ein glücklicheres Pferd.

Pferde spüren unsere ungelösten Konflikte, verborgenen Ängste oder Selbstzweifel ungefiltert. Sie wissen sehr genau, was wir fühlen.

Für eine positive Veränderung müssen wir uns einsichtig, reflektiert und mutig zeigen, denn meist ist es so, dass wir unsere Schattenseiten (die unangenehmen Selbstanteile, die wir als „verboten" oder „schlecht" ansehen) nicht wahrnehmen wollen und verdrängen. Sie sind aber dennoch da, und umso weniger wir ihnen Raum geben wollen, desto deutlicher verschaffen sie sich Gehör (manchmal auch durch andere).

Ein Beispiel: Eine Pferdebesitzerin stopft ihre Stute ständig mit Leckereien voll – völlig unabhängig davon, ob diese eine gute Leistung gebracht hat oder nicht. Zu jeder Gelegenheit gibt es etwas „Süßes" – und für sich selbst hat sie auch immer ein bisschen Schokolade dabei. „Das haben wir uns verdient!"

Irgendwann fällt den anderen Haltern im Stall auf, dass die Stute immer dicker wird. Ein fieses Thema, das nur ungern angesprochen wird. Aber es gibt dann doch irgendwen, der vorprescht, und sich traut die Besitzerin der Stute darauf aufmerksam zu machen. Auch der Tierarzt weist die Frau sachlich darauf hin, dass die „Wohlstandserkrankungen" ihres Pferdes vom Übergewicht und falscher Ernährung kommen. Das kümmert die Frau aber zunächst einmal wenig, denn die tierärztliche Behandlung, die sie ihrer Stute gönnt, ist wesentlicher Bestandteil ihres „Verwöhnprogramms". Außerdem ist es aus ihrer Sicht ein Beweis dafür, dass sie sich ausreichend kümmert. Dem Reitlehrer der Besitzerin ist die Gewichtszunahme ebenfalls nicht verborgen geblieben. Er hat allerdings noch einen weiteren Konflikt: Die Reiterin ist auch zu gewichtig und eigentlich kann die Stute sie nicht mehr tragen. Er entscheidet sich dazu, im Sinne des Pferdes zu handeln, und spricht die Besitzerin vorsichtig darauf an. Das ist zu viel Wahrheit und ihr platzt der Kragen: *„Alle hacken auf mir rum! Keiner liebt mich! Aber ich liebe meine Stute und werde alles dafür tun, damit es uns gut geht."* Diese Aussage ist bezeichnend für den eigenen seelischen

Zustand der Frau. Tatsächlich haben Übergewicht und ungesunde Ernährung nichts zu tun mit Liebe. Warum verwechselt sie das? Diese Grundüberzeugung der Pferdebesitzerin ist die Idee, sich selbst ständig mit Süßem zu belohnen, um innere Disharmonien zu kompensieren. Da diese Strategie kurzfristig funktioniert, überträgt sie sie auf ihr Pferd und schadet ihm ungewollt. Böse gemeint ist ihr Verhalten nicht, denn sie hat das Essen (bzw. die Einverleibung) für sich als scheinbare Lösungsstrategie bei Konflikten entdeckt. Vermutlich fühlt sie sich ungeliebt und vielleicht sogar „nicht liebenswert". Sicherlich gab es wichtige Bezugspersonen in ihrem Leben, die ihr dieses Gefühl vermittelt haben. Diese Spannungen in ihrem Unterbewussten sind bislang unbearbeitet geblieben.

Wie sehen die Lösungswege aus?

Der einzige Schlüssel zur Veränderung in einem solchen Fall ist, dass die Frau sich mit ihrem eigenen Anteil an dieser Situation auseinandersetzt. Sie muss ihr Selbstwertgefühl aufbauen und andere Strategien für sich erarbeiten, die es ihr ermöglichen, mit negativen Gefühlen adäquat und weder selbst- noch fremdschädigend umzugehen. Tut sie das nicht, und wehrt weiterhin ab, dann bleibt auch der Gesundheitszustand der Stute gefährdet.
Nicht selten fühlen sich Pferdebesitzer, werden sie auf ihr Fehlverhalten angesprochen, angegriffen und verlassen fluchtartig den Stall. Es dauert aber nicht sehr lange, bis das alte Problem im neuen Stall wieder auftaucht, denn es ist ja ungelöst geblieben und mit umgezogen.

Vielen Lesern wird dieses Beispiel sehr drastisch oder extrem erscheinen. Tatsächlich ist es das nicht, sondern alltäglich und dazu auch noch recht verharmlost und bagatellisiert dargestellt. Nicht selten sind die Konflikte und Missverständnisse zwischen Pferd und Besitzer noch deutlich gravierender und die Halter sind stark überfordert mit der Situation. Vor allem dann, wenn weder Reitunterricht noch Horsemanship-Training ausreichen, um das Problem in den Griff zu bekommen. In letzter Konsequenz wird eben das Pferd verkauft und ein neuer Vierbeiner muss her. Leider spiegelt dieser irgendwann denselben unbearbeiteten Konflikt auf seine Weise wider. Wie viele Pferde dann „verschlissen" werden, hängt ganz von der Einsichtsfähigkeit des jeweiligen Menschen ab. Häufig ist von außen Hilfe vonnöten, damit sich überhaupt etwas ändern kann, denn nicht selten haben Menschen bezüglich ihres Selbstbildes ziemlich große „blinde Flecken".

Wer kann diese Hilfe leisten? Die Antwort ist erschreckend einfach: **das Pferd selbst!** Allerdings auch nur dann, wenn wir es zulassen und uns aufgeschlossen zeigen. Dieser Prozess sollte durch einen professionellen Beistand unterstützt werden – aber dazu später mehr. Zunächst widmen wir uns der Frage, auf welche Weise das Pferd ein guter Berater sein kann.

Was qualifiziert das Pferd zum Helfer?

Pferde erkennen Führungsqualitäten, innere Blockaden, Ängste, Verspannungen und unbewusste Konflikte sofort. Sie vertrauen und folgen nur dem, der eine klare Linie vorgibt, authentisch kommuniziert und ihnen Wertschätzung und Respekt entgegen bringt. Ihr Feedback kommt direkt und ist ehrlich. *Aber warum ist das so?* Im Laufe ihrer evolutionären Entwicklung haben Pferde ein strukturiertes Sozialsystem entwickelt, das es ihnen ermöglicht als soziale Wesen miteinander zu kommunizieren. Aus Gründen der Ressourcenkonkurrenz zeigen sie untereinander sowohl Dominanz- als auch Unterwerfungsgesten. So können Konflikte in der Natur um Nahrung, Abwehr von Feinden und Fortpflanzung auf ein Minimum reduziert werden. Der Vorteil dieses hierarchischen Verfahrens ist die Regelung der Zugriffsrechte jedes einzelnen Mitglieds und die Konzentration auf das Überleben der gesamten Gemeinschaft. Der Herdenverband befriedigt das ausgeprägte Bedürfnis nach sozialer Kommunikation aller Pferde. Die Rangordnung vermittelt jedem Mitglied in der Gemeinschaft Sicherheit und Geborgenheit.

Pferde setzen Artgenossen durch ihre Kommunikation deutliche Grenzen. Innerhalb der Herde wird sich an klare Regeln gehalten.

Bei vielen Menschen kann bei der Idee einer Hierarchie schnell der Eindruck entstehen, dass besonders die ranghöchste Position das wünschenswerte Ziel sein muss. Wir verbinden mit Macht und Einfluss auch unweigerlich Geld, Selbstdarstellung und Kontrolle. Für Pferde ist aber die Leitungsposition kein Selbstzweck. Vielmehr unterliegt der Statuserhalt naturgegebenen Gesetzmäßigkeiten. Im Vergleich zum Menschen üben Pferde keinen Zwang auf die anderen Gruppenmitglieder aus. Im täglichen Zusammenleben wird viel sorgsamer und subtiler agiert und kommuniziert. Es ist ein Irrglaube, dass das Herdenoberhaupt offensiv und angriffslustig handelt. Im

Zuge dieses Missverständnisses glauben viele Menschen sie müssten ihrem Pferd auch dominant und strafend gegenübertreten, damit sie als Autorität anerkannt werden. In der Natur zwingen ranghöhere Tiere den rangniedrigeren aber auch keine Verhaltensweisen auf.

Gehorsam hat wenig mit Status gemein.

Unterwürfiges Verhalten zeigt nur an, dass das Pferd den Status des anderen akzeptiert und keinerlei Konfliktpotenzial besteht.

Dieses Jungtier möchte zur Entspannung der Situation durch sein Verhalten beitragen.

Pferde brauchen und fordern neben einer freundlichen Umgebung und einer positiven Grundeinstellung ihnen gegenüber auch klar strukturierte und widerspruchsfreie Botschaften bzw. Anweisungen. Dies liegt in ihrer Natur. Ansonsten ist weder ein Beziehungs- noch ein Leistungswachstum möglich. Nervöse und unkontrollierte Handlungen lösen beim Pferd unerwünschtes Problemverhalten aus.

Mit diesem drücken Pferde ihre Unsicherheit, ihre Beziehungsunklarheit zum Menschen und damit auch ihre Uneinschätzbarkeit bezüglich ihres Ranges innerhalb der Gruppe aus. Beide Extreme – sowohl zu starke Dominanz als auch mangelnde Führung – stören die Kommunikation mit dem Sozialpartner Mensch erheblich. Wer mit Pferden zusammen sein möchte und von ihnen lernen will, muss klare und faire Regeln aufstellen und sich auch konsequent an diese halten. Weder der willkürliche Alleinherrscher über „Gut und Böse" noch der flatterhafte Reformpädagoge werden irgendwelche Erfolge bei einem Pferd erzielen können. Pferde orientieren sich nämlich naturgegeben an dem Leittier ihrer Gruppe. Gelingt es einem Besitzer sich diese Rolle zu erarbeiten, so wird das Pferd in ihm einen vertrauenswürdigen „Anführer" sehen. Gute Pferdemenschen wissen, wie sie im Training von der angeborenen Verhaltenstendenz des Pferdes, sich auf die Weisungen des „Leittieres" zu verlassen, profitieren können. Wer die mentale der körperlichen Stärke vorzieht, gewinnt Vertrauen und Zuneigung des Pferdes. In der Natur sind weder die Leitstute noch der Haremshengst unbedingt die größten und stärksten oder aggressivsten Tiere der Herde. Sie zeichnen sich vielmehr durch ihre Persönlichkeit, ihre Verantwortungsbereitschaft und durch die Klarheit ihrer Körpersprache aus. Führungsrollen haben besonders die Tiere inne, die ein sicheres Auftreten und Entschlusskraft in ihrer Kommunikation haben. Gemäß diesem natürlichen Gesetz reagieren Pferde dem Menschen gegenüber auch vielmehr auf innere Größe und Stärke. Andersherum sollte es genauso sein:

„An einem edlen Pferd schätzt man nicht seine Kraft,
sondern seinen Charakter."
{Konfuzius}

Zeig mir Dein Pferd und ich sage Dir, wer Du bist!

Pferde spiegeln all unsere innerpsychischen Vorgänge ganz direkt und unverkennbar. Selbst Menschen, die dies nicht unbedingt begreifen oder bemerken, wissen doch intuitiv, dass sie gespiegelt werden und wehren sich in aller Vehemenz dagegen. Die Fähigkeit des Pferdes, die ausgesendeten Körpersignale des Menschen aufzufangen und entsprechend darauf zu reagieren, erzeugt bei vielen Menschen Angst. So formulierte schon H. Hesse einst:

*„Nichts auf der Welt ist dem Menschen mehr zuwider,
als den Weg zu gehen, der ihn zu sich selber führt."*

Bleibt uns Menschen häufig der Blick für die seelischen Prozesse eines anderen Menschen verborgen, nehmen Pferde dieselben sehr deutlich wahr. Pferde empfinden instinktiv sowohl Ängste, Unsicherheiten oder das Streben nach Macht als auch ehrliches Interesse an kooperativer Zusammenarbeit. Da Pferde die ureigenen Impulse und Bedürfnisse ihres Gegenübers erfühlen, bedeutet dies in der Konsequenz für den Pferdehalter, dass er sich erst einmal mit sich selbst auseinandersetzen muss, bevor er Erwartungen an das Pferd stellt. Für viele Menschen eine Herausforderung und absolutes Neuland.

Pferde folgen immer demjenigen, bei dem sie sich sicher fühlen. Sie reagieren im Hier und Jetzt und stellen den Menschen immer wieder erneut auf die Probe. Die Tiere interessieren sich nicht für den beruflichen oder privaten „Rang" bzw. Stellenwert ihres Besitzers, sondern reagieren allein auf den Menschen hinter dessen Fassade. Statussymbole (z. B. eine überaus teure Uhr, die Macht und Reichtum demonstrieren soll) nehmen Pferde gar nicht wahr. Als Fluchttiere, mit besonders scharfer Beobachtungsgabe ausgestattet, achten sie auf minimale Körpersignale. Sie geben unmittelbar Rückmeldung, wenn der Mensch abgelenkt oder unentschlossen ist, oder auch zu viel Druck ausübt. Pferde spiegeln schonungslos das Verhalten aller Lebewesen in ihrer Umgebung wider. Diese Fähigkeit des Pferdes ist eine Chance für jeden, der offen dafür ist, zu neuen Selbsterkenntnissen zu kommen.

Harmonie und innere Ausgeglichenheit spiegeln Pferde dem Menschen sofort. Ist der Besitzer innerlich gelassen und positiv, dann ist das Pferd gerne mit ihm zusammen.

Nicht selten aber werden Pferdebesitzer durch die natürliche Ehrlichkeit des Pferdes außerordentlich gefordert und sogar überfordert. Zwangsläufig kann also eine große Spannbreite des emotionalen Erlebens im Zusammensein mit dem Pferd stattfinden. Dies bezieht sich sowohl auf Momente des unerwarteten Erfolges als auch auf Situationen mit einem hohen Frustrationserleben. Gelingt beispielsweise eine Übung mit dem Pferd, löst dies Glücksgefühle aus und steigert das Selbstbewusstsein. Werden aber dagegen die

Bemühungen eines motivierten Halters vom Pferd mit stoischer Ignoranz quittiert, kann dies in Minderwertigkeitsgefühlen, Versagensängsten und sogar Aggressionen münden. Irgendwann wächst dann die Erkenntnis: Ich brauche Hilfe von außen. Aber wer ist bei den zahlreichen Angeboten, die den Markt zu überschwemmen drohen, eigentlich tatsächlich in der Lage dazu? An diesem Punkt angelangt, wird das Problem meistens noch alleine dem Pferd zugeschrieben. Das „Problempferd" muss also zu einem der bekannten „Pferde-Gurus" oder doch wenigstens zu jemandem, der für teures Geld bei einem solchen schon mal ein Wochenendseminar belegt hat.

Ein „Problempferd" zu besitzen – oder sogar mit diesen zu arbeiten – macht gesellschaftlich richtig was her. Viele Trainer brüsten sich mit ihren „außergewöhnlichen" Methoden und halten sich selbst für Gottes Schöpfung und einzige Lösung bei „gestörten Vierbeinern". Auch viele ahnungslose Pferdebesitzer glänzen sich in der Sonne des einzigen Meisters und lassen keinen anderen Ansatz mehr gelten. Nur zu gerne verbringen diese Menschen ihre Freizeit in Reitställen und schmeißen mit bekannten Namen und In-Begriffen um sich. Bei genauer Betrachtung wird es aber eng für diese selbsternannten Kenner der Szene: Zwar haben sie für alles und jeden eine Lösung parat, der Blick auf sich selbst oder das eigene Pferd ist aber auf der Strecke geblieben. Da wird klickernd, Seilchen schwingend und im Roundpen rumhüpfend jede Situation vermieden, die eine Auseinandersetzung bedeuten würde. Immer neue modische Accessoires müssen her, damit es dem Pferd an nichts fehlt. Dass diesem der ganze Aufwand völlig gleichgültig ist, wird geflissentlich ignoriert. Auch existieren nachvollziehbare Gründe sich über Monate oder sogar Jahre hinweg vor dem Reiten zu drücken – Hauptsache die

Außenwirkung stimmt und die „plausiblen“ Erklärungen werden von allen anderen geschluckt.

Diese Herangehensweise führt in den meisten Fällen zu keinem Erfolg. Natürlich lässt es sich auf diese Weise leben, aber das Pferd wird nie eine echte Bindung aufbauen können. Zurecht, denn der Besitzer fordert etwas von seinem Tier, was er selbst nicht bereit ist geben. Zwangsläufig widerspricht sich nämlich die Idee, dass das Pferd den Menschen spiegelt und in der Konsequenz dieser Erkenntnis ausschließlich mit dem „Problempferd“ gearbeitet wird, das nur noch verrückter zu werden scheint.

Selbstverständlich gibt es auch Kommunikationsprobleme zwischen Pferd und Mensch, die beispielsweise durch ein fachgerecht angeleitetes Natural Horsemanship-Training recht schnell und solide in den Griff zu bekommen sind. Aber auch hier ist es vor allem der Mensch, der an sich und seiner Körpersprache arbeiten muss, damit sein Pferd ihn versteht.

Pferde begreifen nur Ehrlichkeit und deutliche Körpersprache. Hält der Mensch sich an diese natürlichen Regeln, dann folgt das Pferd ihm gerne.

Funktioniert über mehrere Monate auch dieser Weg nicht, trotz diverser Trainer, die entnervt das Handtuch schmeißen, dann scheint ja offenkundig etwas nicht zu stimmen – allerdings ganz sicher nicht mit dem Pferd.

Der Schlüssel liegt in uns selbst!

Erfahrungsgemäß ist der gewinnbringendste Ansatz für den, der in der Beziehung zu seinem Pferd etwas verändern möchte, ein ressourcenorientierter. Viele Trainer haben lange verstanden, dass sie auch mit dem Menschen arbeiten müssen, um etwas zu erreichen. Leider wird hier immer noch starkes Augenmerk auf die etwaigen Schwächen des Besitzers gelegt. Aus der therapeutischen Praxis weiß man heute, dass keinem Individuum geholfen ist, wenn verstärkt auf dessen Fehler hingewiesen wird. Die Frustration ist dann viel zu hoch und führt sogar zu einer Verschlimmerung. Besser ist ein Ansatz, der vor allem Wertschätzung und Motivation fördert – besonders bezüglich des Selbstbildes.

Reitlehrer, Trainer und neuerdings auch viele Arten von Coaches überbevölkern die Reiterwelt und vermitteln ihren Schülern oder Klienten viel Kritik, die einer Verurteilung gleichzukommen scheint. Eine positive Veränderung ist hierdurch nicht zu erreichen, sondern der Trainer riskiert Abwehrmechanismen vonseiten des Schülers. Auch sollte sich jeder Coach/Trainer/Ausbilder/Berater usw. darüber im Klaren sein, dass das Pferd nachweislich unbewusste und unterdrückte Emotionen und (Körper-)Erinnerungen auslösen kann. Aus diesem Grund werden Pferde auch erfolgreich im therapeutischen Bereich eingesetzt. Diese Bewusstwerdung verschiedener emotionaler Zustände hat ein „normaler" Reitlehrer oder jemand, der ein psychologisches Wochenendseminar besucht hat, **nicht** unter Kontrolle. Entsprechend sollte ein Trainer, der den Anspruch an sich hat, auch mit dem Menschen zu arbeiten, über genügend Fähigkeiten

verfügen, damit eine Trainingseinheit nicht (unbemerkt) in einer (seelischen) Katastrophe endet.
Nachhaltiger Erfolg kann also nur mit professioneller Unterstützung funktionieren. Für eine erfolgreiche Veränderungsarbeit ist es unerlässlich, dass der Pferdebesitzer mit seinen Gefühlen nicht allein gelassen wird. Ähnlich wie bei therapeutischen Verfahren kann nur die persönliche Begleitung über einen längeren Zeitraum zum Auflösen von Konflikten und Blockaden führen. Tatsächliche Veränderung kann nur über einen empathischen und professionell begleiteten Prozess erfolgen.

Eine innige Beziehung zum Pferd wünschen sich viele Menschen. Diese kann aber nur dann wachsen, wenn der Besitzer sich auf seine Emotionen einlassen kann und dem Pferd lernt zu vertrauen.

Vielfach haben Trainer einen sehr guten beruflichen Hintergrund bezüglich ihres Pferdefachwissens. Psychologisches Know-how sucht man allerdings häufig vergebens. Ein Seminar, eine Fort- oder Weiterbildung bzw. ein einjähriges Fernstudium kann niemanden dazu befähigen, dem Pferdebesitzer in dessen Persönlichkeitsentwicklung und Bewusstwerdung emotionaler Konflikte zu helfen. Das Pferd alleine kann diese Aufgabe in vielen Fällen nicht gänzlich übernehmen. Der menschliche Trainer muss anleiten und die Kompetenzen aufweisen, emotionale Störungen, Kommunikationsstrukturen und negative Gedankenmuster zu erkennen und positiv umlenken zu können.

Immer mehr Trainer und Ausbilder bieten auch Unterricht an, der die Beziehung zwischen Mensch und Pferd stärken soll. Der Trend unter den Pferdetrainern geht hin zum Pseudotherapeuten, der in der Seele des Kunden rumwühlt und vermeintlich Gründe für das Problemverhalten des Pferdes aufdeckt. Tatsächlich kann bei Weitem nicht jeder, der sowohl mit Pferden als auch mit Menschen umgehen kann, auch wirklich helfen und coachen. Der Schaden ist besonders beim Menschen häufig enorm groß. Trainer, die über das „normale“ Reitlehrerdasein hinauswachsen wollen, sollten deshalb neben genügend Pferdeerfahrung auch mindestens über Grundlagenwissen der menschlichen Kommunikation verfügen – denn letztendlich soll ja der Mensch seine sozialen Kompetenzen oder seine Persönlichkeit weiterentwickeln. Fachkenntnisse verschiedener kurzzeitorientierter Gesprächstechniken müssen zwingend vorhanden sein. Auch Basiswissen über Körpersprache und Kommunikation sowie die wichtigsten Modelle zur Persönlichkeitsentwicklung und Persönlichkeitspsychologie müssen erlernt und erprobt worden sein. Der wertschätzende und professionelle Umgang muss gegeben sein, denn unbewusste Übertragungen eigener ungelöster Konflikte vonseiten des ungeschulten Trainers sind bei einer unzureichenden Ausbildung nicht selten und verschlimmern die Problematik des Pferdebesitzers häufig nur. Ein Beziehungswachstum zum Pferd ist unter diesen Voraussetzungen unmöglich.

unterstellt. Dies basiert sicherlich meist auf Hilflosigkeitsgefühlen, aber bisweilen liegt es auch an Desinteresse und Borniertheit. Was folgt, sind harte Strafen für „nerviges Verhalten". Wird ein Problem nicht als solches erkannt, ist eine Lösung natürlich meilenweit entfernt.

Verhaltensauffälligkeiten sind Hilferufe, die gehört werden wollen. Haben sich Probleme einmal gefestigt, dann sind sie mitunter nicht einfach zu heilen. Es spricht also viel für eine Prophylaxe. Verhaltensstörungen sollte mehr Aufmerksamkeit gewidmet werden. Es muss entschieden mehr gefordert werden, die arttypischen Bedürfnisse unserer Pferde wahrzunehmen und auf diese einzugehen.

Zu jedem Zeitpunkt - in jeder Lebensphase - für jedes Pferd!

„Wir sind verantwortlich für das, was wir tun,
aber auch für das, was wir nicht tun."
{Voltaire}

„Ein Buch, wenn es so zugeklappt daliegt, ist ein gebundenes, schlafendes, harmloses Tierchen, welches keinem was zuleide tut. Wer ihm die Nase nicht gerade zwischen die Kiefern steckt, den beißt es auch nicht.“ {Wilhelm Busch}

Literatur

„Du öffnest die Bücher und sie öffnen dich."
{Tschingis Aitmatov}

Bender, I. (2004): Praxishandbuch Pferdehaltung. Franckh-Kosmos, Stuttgart.

Binder, S. L. (1994): Umgang mit Pferden. Eine praktische Verhaltenskunde. Ulmer, Stuttgart.

BMELV (2009): Leitlinien zur Beurteilung von Pferdehaltung unter Tierschutzgesichtspunkten (09.06.2009). Sachverständigengruppe für tierschutzgerechte Pferdhaltung. Referat Tierschutz, Bundesministerium für Ernährung, Landwirtschaft und Verbraucherschutz.

Cape, J.; Morris, D. (1988): Horsewatching. Wilhelm Heyne Verlag GmbH & Co. KG, München.

Claus, R. (1994): Pheromone. In: Döcke, F. (Hrsg.): Veterinärmedizinische Endokrinologie. Gustav Fischer Verlag – Jena, Stuttgart.

Cooper, J.; McDonald, L.; Mills, D. (2000): The effect of increasing the visual horizons on stereotypic weaving: Implications for the social housing of stabled horses. Appl. Anim. Behav. Sci. 69, 67-83.

Crowell-Davis, S. (1995): Normal Behavior and Behavioral Problems. In: Kobluk, C.; Ames, T.; Geor, R. (Hrsg.): The horse: diseases and clinical management. W. B. Saunders, Philadelphia, 1-21.

Diacont, K. (2002): Bodenarbeit mit Pferden. BLV, München.

Dietz, O.; Huskamp, B. (1999): Handbuch Pferdepraxis. F. Enke Verlag, Stuttgart.

Dixon, R.; Hsiao, J.; Leadon, D.; Dodman, N.; Shuster. L. (1992): Nalmefene: pharmacokinetics of a few opioid antagonist which prevents crib-biting in the horse. Rs. Commun. Subst. Abuse 3, 231-236.

Dodman, N.H.; Wrubel, K.M.; Cottam, N. (2008): Letter to the editor: Effect of a synthetic equine maternal pheromone during a controlled fear-elicting situation: A critic on Falewee (2006). Appl. Anim.Behav. Sci. 109, 85-87.

Dorrance, B.; Desmond, L. (2007): True Horsemanship Through Feel. Lyons Pr.

Draemhpaehl, D. (1997): Akupunktur und Streß. In: IV. Jahrestagung der DVG-Fachgruppe Naturheilverfahren: Das neue Streßkonzept – Response und Adaption. DVG, Gießen.

Dresel, B.; Gohl, C. (1995): Das schwierige Pferd. Franckh-Kosmos, Stuttgart.

Drewes, K.; Blobel, K. (2000): Kopper, Weber & Co. Philippe, Trangstedt, Hamburg.

Eckert, R. (2002): Tierphysiologie. Georg Thieme Verlag, Stuttgart.

Engelhardt, W.v. (2005): Arbeitsphysiologie unter der besonderen Berücksichtigung des Pferdeleistungssports. In: Engelhardt, W.v. (Hrsg.); Breves, G. (Hrsg.): Physiologie der Haustiere. Enke im Hippokrates Verlag GmbH, Stuttgart: 482-489.

Francis, R. C. (1988): On the Relationship between Aggression and Social Dominance. Ethology 78, 223-237.

Franck, D. (1985): Verhaltensbiologie. Einführung in die Ethologie. Thieme, Stuttgart.

Fureix C. (2012): Towards an Ethological Animal Model of Depression? A Study on Horses. PLoS ONE 7(6).

Gernken, M.; Keine, M.; Kreimeier, P.; Bokisch, F. (1997): Verhalten von Trabrennpferden in Gruppenauslaufhaltung und in Einzelhaltung. In: Arbeiten zur artgemäßen Tierhaltung 1996. KTPL, Darmstadt.

Hackl, B. (2012): Basistraining für Pferde. Richtig ausbilden, Problemen vorbeugen. BLV, München.

Heleski, C.; Shelle, A.; Nielson, B.; Zanella, A. (2002): Influence of housing on weanling horse behavior and sunsequent welfare. Appl. Anim. Behav. Sci. 78, 291-302.

Hinde, R. A. (1973): Das Verhalten der Tiere. Suhrkamp, Frankfurt.

Houpt, K. (1999): The battered foal – mare rejection oft he foal. In: Harris, P.; Gomarsall, G.; Davidson, H.; Green, R. (Hrsg.): Proceedings BEVA Specialist Days on Behaviour and Nutrition, Equine Veterinary Journal, Newmarket, 35-36.

Houpt, K. (2002): Formation and dissolution oft he mare-foal bond, Appl. Anim. Behav. Sci. 78, 319-328.

Hunt, R. (2011): Harmonie mit Pferden: Eine tiefgreifende Studie des Verhältnisses von Pferd und Mensch. Kierdorf, Köln.

Kiley-Worthington, M. (1993): Pferdepsyche - Pferdeverhalten. Grundlagen für Reiter, Halter und Trainer. Müller Rüschlikon, Cham.

Klingel, H. (1972): Das Verhalten der Pferde (Equidae). Handbuch der Zoologie, VIII, 10 (24) 1-68.

Kreuer, S. (2013): Pferde verstehen: Mit Achtung und Respekt Vertrauen herstellen. Ibidem, Stuttgart.

Ladewig, J. (1994): Stress. In: Döcke, F. (Hrsg.): Veterinärmedizinische Endokrinologie. Gustav Fischer Verlag – Jena, Stuttgart.

Lebelt, D. (1998): Problemverhalten beim Pferd. Ferdinand Enke, Stuttgart.

Lebelt, D. (2000): Angstbedingte Verhaltensstörungen: Erkennen, Vorbeugen und Möglichkeiten der Behandlung. In: Lindner, A. (Hrsg.): Verhaltensstörungen beim Pferd. Erkennen, vorbeugen, behandeln. Arbeitsgruppe Pferd, Essen 59-69.

Lorenz, K. (1973): Die Rückseite des Spiegels. Versuch einer Naturgeschichte menschlichen Erkennens. München: 98.

McBride, S.; Long, L. (2002): Management of horse showing stereotypic behavior, owner perception and the implication for welfare. Vet. Rec., 148 (26), 799-802.

McGreevy, P.; Webster, A.; Nicol, C. (2001): Study of the behaviour, digestive efficiency and gut transmit times of crib-biting horses. Vet. Rec. 148 (19), 592-596.

Mills, D.; Alston, R.; Rogers, V.; Longford, N. (2002): Factors associated with the prevalence of stereotypic behavior amongst thoroughbred horses passing through auctioneer sales. Appl. Anim. Behav. Sci. 78, 115-124.

Mills, D.; Davenprot, K. (2002): The effect of neighbouring conspecific versus the use of a mirror for the control of stereotypic weaving behavior in stabled horses. Anim. Sci. 74, 95-101.

Mills, D.; Nankervis, K. (2004): Pferdeverhalten erklärt. Mit neusten wissenschaftlichen Erkenntnisse für die Praxis. Müller-Rüschlikon, Cham.

Rashid, M. (2012): …denn Pferde lügen nicht. Neue Wege zu einer vertrauten Mensch-Pferd-Beziehung. Franckh-Kosmos, Stuttgart.

Rees, L. (1986): Das Wesen des Pferdes. Persönlichkeit, Entwicklung, Verhalten. Albert Müller Verlag, Rüschlikon-Zürich.

Rivera, E.; Benjamin, S.; Nielson, B.; Shelle, J.; Zanella, A. (2002): Behavioral and physiological responses of horses to initial training: the comparison between pastured versus stalled horses. Appl. Anim. Behav. Sci. 78, 235-252.

Schramm, U. (1983): Das verrittene Pferd. Ursachen und Wege der Korrektur. BLV, München.

Tellington-Jones; L., Taylor, S. (1995): Die Persönlichkeit Ihres Pferdes. Franckh-Kosmos, Stuttgart.

Tellington-Jones, L. (2002): TTouch und TTeam für Pferde: Der sanfte Weg zu Gesundheit, Leistung und Wohlbefinden: Das Praxisbuch. Franckh-Kosmos, Stuttgart.

Wechsler, B. (1989): Verhaltensstörungen als Indikator einer Überforderung der evoluierten Verhaltenssteuerung. Aktuelle Arbeiten zur artgemäßen Tierhaltung 1989, KTBL, Darmstadt.

Wickert, M., Zeeb, K. (2002): Zur Funktion des Leerkauens bei Equus przewalskii f. caballus. In: Aktuelle Arbeiten zur artgemäßen Tierhaltung 1989, KTBL, Darmstadt, KTBL-Schrift 418, 94-101.

Zeeb, K. (1984): Bedarfsdeckung und Schadensvermeidung bei Pferden in Zusammenhang mit Fütterung, Lokomotion, Sozialverhalten und Feindvermeidung. Prakt. Tierarzt, 65, 432-436.

Zeeb, K. (1992): Artgemäße Pferdehaltung und verhaltensgerechter Umgang mit Pferden. In: Thein, P. (Hrsg.): Handbuch Pferd. BLV Verlagsgesellschaft, München, 126-150.

Zeitler-Feicht, M. (2000): Verhaltensstörungen oder unerwünschtes Verhalten? Klassifikation, Ursachen und Vorbeugung. In: Lindern, A. (Hrsg.): Verhaltensstörungen beim Pferd. Erkennen, vorbeugen, behandeln. Arbeitsgruppe Pferd, Essen, 11-27.

Zeitler-Feicht; M., Buschmann, S. (2004): Verhaltensstörungen von Pferden in Ständerhaltung. Tierärztl. Prax. 32, 73-169.

Ziers, J.; Wintzer, H. (1996): Über den akuten Schmerz beim Pferd und eine Möglichkeit seiner objektiven Bestimmung. Tierärztl. Prax. 24, 109-112.

„Alles regelt sich nach einem Gesetz des Gegensatzes,
das zugleich ein Gesetz des Ausgleichs ist."
{Theodor Fontane}